SOLIDWORKS® 全球培訓教材系列

SOLIDWORKS
CAM專業 培訓教材
繁體中文版

Dassault Systèmes SOLIDWORKS® 公司 著

陳超祥、胡其登 主編

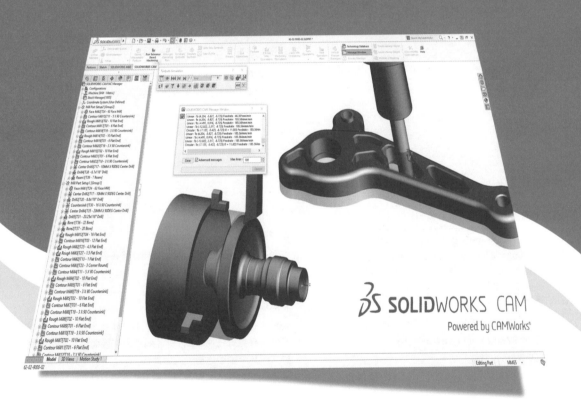

3S SOLIDWORKS CAM
Powered by CAMWorks®

博碩文化

3S SOLIDWORKS

台灣繁體
授權發行

作　　者：Dassault Systèmes SolidWorks Corp.
主　　編：陳超祥、胡其登
繁體編譯：林致瑋

董 事 長：陳來勝
總 編 輯：陳錦輝

出　　版：博碩文化股份有限公司
地　　址：221 新北市汐止區新台五路一段 112 號 10 樓 A 棟
　　　　　電話 (02) 2696-2869　傳真 (02) 2696-2867

發　　行：博碩文化股份有限公司
郵撥帳號：17484299　戶名：博碩文化股份有限公司
博碩網站：http://www.drmaster.com.tw
讀者服務信箱：dr26962869@gmail.com
訂購服務專線：(02) 2696-2869 分機 238、519
（週一至週五 09:30 ～ 12:00；13:30 ～ 17:00）

版　　次：2022 年 1 月初版

建議零售價：新台幣 560 元
I S B N：978-986-434-984-5
律師顧問：鳴權法律事務所 陳曉鳴律師

本書如有破損或裝訂錯誤，請寄回本公司更換

國家圖書館出版品預行編目資料

SOLIDWORKS CAM 專業培訓教材 /Dassault
Systèmes SOLIDWORKS Corp. 作 . -- 初版 . --
新北市：博碩文化股份有限公司, 2022.01
　　面；　公分
繁體中文版
譯自：SOLIDWORKS CAM Professional
ISBN 978-986-434-984-5(平裝)
1.SolidWorks(電腦程式)
312.49S678　　　　　　　　　　110021537

Printed in Taiwan

博 碩 粉 絲 團　歡迎團體訂購，另有優惠，請洽服務專線
　　　　　　　　(02) 2696-2869 分機 238、519

序

We are pleased to provide you with our latest version of SOLIDWORKS training manuals published in Chinese. We are committed to the Chinese market and since our introduction in 1996, we have simultaneously released every version of SOLIDWORKS 3D design software in both Chinese and English.

We have a special relationship, and therefore a special responsibility, to our customers in Greater China. This is a relationship based on shared values – creativity, innovation, technical excellence, and world-class competitiveness.

SOLIDWORKS is dedicated to delivering a world class 3D experience in product design, simulation, publishing, data management, and environmental impact assessment to help designers and engineers create better products. To date, thousands of talented Chinese users have embraced our software and use it daily to create high-quality, competitive products.

China is experiencing a period of stunning growth as it moves beyond a manufacturing services economy to an innovation-driven economy. To be successful, China needs the best software tools available.

The latest version of our software, SOLIDWORKS 2022, raises the bar on automating the product design process and improving quality. This release includes new functions and more productivity-enhancing tools to help designers and engineers build better products.

These training manuals are part of our ongoing commitment to your success by helping you unlock the full power of SOLIDWORKS 2022 to drive innovation and superior engineering.

Now that you are equipped with the best tools and instructional materials, we look forward to seeing the innovative products that you will produce.

Best Regards,

Gian Paolo Bassi
Chief Executive Officer, SOLIDWORKS

前言

DS SOLIDWORKS® 公司是一家專業從事三維機械設計、工程分析、產品資料管理軟體研發和銷售的國際性公司。SOLIDWORKS 軟體以其優異的性能、易用性和創新性，極大地提高了機械設計工程師的設計效率和品質，目前已成為主流 3D CAD 軟體市場的標準，在全球擁有超過 250 萬的忠實使用者。DS SOLIDWORKS 公司的宗旨是：To help customers design better product and be more successful（幫助客戶設計出更好的產品並取得更大的成功）。

"DS SOLIDWORKS® 公司原版系列培訓教材" 是根據 DS SOLIDWORKS® 公司最新發佈的 SOLIDWORKS 軟體的配套英文版培訓教材編譯而成的，也是 CSWP 全球專業認證考試培訓教材。本套教材是 DS SOLIDWORKS® 公司唯一正式授權在中華民國台灣地區出版的原版培訓教材，也是迄今為止出版最為完整的 DS SOLIDWORKS 公司原版系列培訓教材。

本套教材詳細介紹了 SOLIDWORKS 軟體及 CAM 軟體模組的功能，以及使用該軟體進行三維產品設計、工程分析的方法、思路、技巧和步驟。值得一提的是，SOLIDWORKS 不僅在功能上進行了多達數百項的改進，更加突出的是它在技術上的巨大進步與持續創新，進而可以更好地滿足工程師的設計需求，帶給新舊使用者更大的實惠！

本套教材保留了原版教材精華和風格的基礎，並按照台灣讀者的閱讀習慣進行編譯，使其變得直觀、通俗，可讓初學者易上手，亦協助高手的設計效率和品質更上一層樓！

本套教材由 DS SOLIDWORKS® 公司亞太區高級技術總監陳超祥先生和大中國區技術總監胡其登先生共同擔任主編，由台灣博碩文化股份有限公司負責製作，實威國際協助編譯、審校的工作。在此，對參與本書編譯的工作人員表示誠摯的感謝。由於時間倉促，書中難免存在疏漏和不足之處，懇請廣大讀者批評指正。

陳超祥　胡其登

陳超祥 先生
現任 DS SOLIDWORKS 公司亞太地區高級技術總監

　　陳超祥先生畢業於香港理工大學機械工程系，後獲英國華威大學製造資訊工程碩士及香港理工大學工業及系統工程博士學位。多年來，陳超祥先生致力於機械設計和 CAD 技術應用的研究，曾發表技術文章二十餘篇，擁有多個國際專業組織的專業資格，是中國機械工程學會機械設計分會委員。陳超祥先生曾參與歐洲航天局「獵犬 2 號」火星探險專案，是取樣器 4 位發明者之一，擁有美國發明專利（US Patent 6, 837, 312）。

胡其登 先生
現任 DS SOLIDWORKS 公司大中國地區高級技術總監

　　胡其登先生畢業於北京航空航天大學飛機製造工程系，獲「計算機輔助設計與製造（CAD/CAM）」專業工學碩士學位。長期從事 CAD/CAM 技術的產品開發與應用、技術培訓與支持等工作，以及 PDM/PLM 技術的實施指導與企業諮詢服務。具有二十多年的行業經歷，經驗豐富，先後發表技術文章十餘篇。

推薦序

　　3D 設計軟體 SOLIDWORKS 所具備的易學易用特性，成為提高設計人員工作效率的重要因素之一，從 SOLIDWORKS 95 版在台灣上市以來至今累計了數以萬計的使用者，此次的 SOLIDWORKS 新版本發佈，除了提供增強的效能與新增功能之外，同時推出 SOLIDWORKS 繁體中文版原廠教育訓練手冊，並與全球的使用者同步享有來自 SOLIDWORKS 原廠所精心設計的教材，嘉惠廣大的 SOLIDWORKS 中文版用戶。

　　這一次的 SOLIDWORKS 最新版的功能，囊括了多達 100 項以上的更新，更有完全根據使用者回饋所需，而產生的便捷新功能，在實際設計上有絕佳的效果，可以說是客製化的一種體現。不僅這本 SOLIDWORKS 的繁體中文版原廠教育訓練手冊，目前也提供完整的全系列產品詳盡教學手冊，包括分析驗證的 SOLIDWORKS Simulation、數據管理的 SOLIDWORKS PDM、與技術文件製作的 SOLIDWORKS Composer 中文培訓手冊，可以讓廣大用戶參考學習，不論您是 SOLIDWORKS 多年的使用者，或是剛開始接觸的新朋友，都能夠輕鬆使用這些教材，幫助您快速在設計工作上提升效率，並在產品的研發上帶來 SOLIDWORKS 所擁有的全面協助。這本完全針對台灣使用者所編譯的教材，相信能在您卓越的設計研發技巧上，獲得如虎添翼的效用！

　　實威國際本於〝誠信服務、專業用心〞的企業宗旨，將全數採用 SOLIDWORKS 原廠教育訓練手冊進行標準課程培訓，藉由質量精美的教材，佐以優秀的師資團隊，落實教學品質的培訓成效，深信在引領企業提升效率與競爭力是一大助力。我們也期待 DS SOLIDWORKS 公司持續在台灣地區推出更完整的解決方案培訓教材，讓台灣的客戶可以擁有更多的學習機會。感謝學界與業界用戶對於 SOLIDWORKS 培訓教材的高度肯定，不論在教學或自修學習的需求上，此系列書籍將會是您最佳的工具書選擇！

SOLIDWORKS/ 台灣總代理

實威國際股份有限公司

總經理

本書使用說明

關於本書

本書的主要目標是教您如何使用 SOLIDWORKS CAM Professional，並用於產生加工刀具路徑，以完成 SOLIDWORKS 檔案的加工。SOLIDWORKS CAM 的軟體功能是相當強大且豐富的，要仔細說明每個功能細節，又要維持課程的合理長度是非常不容易的。因此，本書的重點我們將聚焦在軟體的基本觀念及流程。

範例練習主要的目的是展示如何使用 SOLIDWORKS CAM 軟體來產生刀具路徑，或許它會與現實生活中的經驗不相符。在現實生活中我們可能需要考量的點會更多，例如：製程拆解、夾治具設計、排刀順序⋯等。因此您應該將此書視為輔助您學習的工具，而非唯一圭臬。而軟體當中不常使用的指令，您可以參考 Help 文件。

先決條件

*   在開始進行學習之前，建議您必須具備以下技能或經驗：

*   SOLIDWORKS 3D 設計繪圖。

*   熟悉 Windows 作業系統。

*   手動 CNC G 碼編程。

*   SOLIDWORKS CAM 標準培訓課程。

課程長度

建議的課程長度最少為 2 天。

課程設計理念

本書的設計理念是基於以步驟和任務為主的方式來進行教育訓練，這個以步驟為主的訓練課程強調必須經過一定的步驟及程序來完成一個特定的目的。藉由實際案例操作的方式，您將在過程中學習到必要的指令、使用的方式時機及選項。

使用本書

本書希望是在教室環境，由有經驗講師的指導下使用，它不是一個自學教材。書本中所用到的實例和研究案例是需要講師以臨場的方式講解。

範例練習

範例練習讓您有機會應用和練習在書中所學習到的內容及知識。這些題目都是經過設計，且能讓您用於練習刀具路徑建立的任務，同時它也足夠在課堂時間完成。

關於範例實作檔與動態影音教學檔

本書的「01Training Files」收錄了課程中所需要的所有檔案。這些檔案是以章節編排，例如：Lesson02 資料夾包含 Case Study 和 Exercises。每章的 Case Study 為書中演練的範例；Exercises 則為練習題所需的參考檔案。範例實作檔案和動態影音教學檔皆可至「博碩文化」官網（http://www.drmaster.com.tw/），於首頁中搜尋該書名，進入書籍介紹頁面後，即可下載範例檔案與前往瀏覽影片教學連結之網址。

此外，讀者也可以從 SOLIDWORKS 官方網站下載本書的 Training Files，網址是 http://www.solidworks.com/trainingfilessolidworks，下拉選擇版本後再按 Search，下方即會列出所有可練習檔案的下載連結，下載後點選執行即會自動解壓縮。

本書書寫格式

本書使用以下的格式設定：

設定	說明
功能表：檔案→列印	指令位置。例如：檔案→列印，表示從下拉式功能表的檔案中選擇列印指令。
提示	要點提示。
技巧	軟體使用技巧。
注意	軟體使用時應注意的問題。
操作步驟	表示課程中實例設計過程的各個步驟。

Windows 10

本書中所看到的畫面截圖，都是在 Windows 10 環境下執行 SOLIDWORKS 所截圖的。若您使用的環境並非 Windows 10，或者您自行調整了不同的環境設定，那麼您所看到的畫面可能會與本書的截圖有所出入，但這並不影響軟體操作。

關於印刷色彩

SOLIDWORKS CAM 使用者介面使用豐富的色彩，來凸顯選擇並為您提供視覺上的回饋。這大大地增加了 SOLIDWORKS CAM 的直觀性和易用性，在某些情況下，插圖中可能使用了其他顏色。用來增強概念交流、特徵識別，藉以傳達重要訊息。此外，視窗背景已更改為純白色，以便圖示能更清楚地在呈現在白色頁面上，且因本書印製採用單色印刷呈現，故您在螢幕上看到的顏色和圖示可能與書中的顏色和圖示不盡相同。

更多 SOLIDWORKS 教育訓練資源

任何時間、任何地點、任何設備上，您都可以透過 MySolidWorks.com 獲得相關的 SOLIDWORKS 內容及服務，提高您的工作效率。此外，透過 MySolidWorks 培訓，您可以按照自己的進度、節奏，提高 SOLIDWORKS 技能。

後處理

本書包括了僅用於培訓目的的後處理器，這些後處理器不能於生產環境中使用。請聯繫您的 SOLIDWORKS CAM 經銷商以獲取相關的後處理訊息，您的經銷商將為您提供客製的後處理器，以滿足您的加工要求。

01 模型組態

02 高速加工（VoluMill）

03 組合件加工

04 3+2 軸加工

05 車床加工

06 夾具、內徑特徵及加工計劃

07 修改車床特徵及加工參數

08 探查操作

01

模型組態

 順利完成本章課程後，您將學會：

- 組態於 SOLIDWORKS CAM 中的應用

- 針對零件的各個組態，產生其對應的加工計劃

- 利用組態作為素材

1.1 | SOLIDWORK CAM 回顧

　　SOLIDWORKS CAM 是一套完全整合於 SOLIDWORKS 當中的 CAM 系統,其技術核心源自於 CAMWorks。使用者可以直接利用 SOLIDWORKS 進行 NC 碼的編程,無須轉成其他中繼格式或其他軟體,可加快產品開發的速度並減少錯誤發生的機會,大幅減少開發成本。

　　SOLIDWORKS CAM 提供了強大的資料庫系統,使用者可將自己習慣使用的刀具、轉速進給、切削條件,寫入至資料庫當中。當我們在進行 NC 碼的編程時,便能根據我們的知識及經驗來編寫刀具路徑,進而達到基於知識的加工方式(Knowledge based machining)。

　　SOLIDWORKS CAM 提供了 2.5 軸銑床及車床的功能,而 2.5 軸的功能亦包含了水刀、雷射,甚至是電漿切割的功能。

◆ SOLIDWORKS CAM Standard

　　根據軟體版本的不同,凡具備 SOLIDWORKS 維護合約,無論您是 SOLIDWORKS Standard、Professional、Premium 版本,都可以使用 SOLIDWORKS CAM Standard 版本。SOLIDWORKS CAM Standard 版本僅提供 2.5 軸銑床功能,並只允許使用者使用零件環境進行編程,如果有一模多穴的需求,僅能使用多本體的方式。

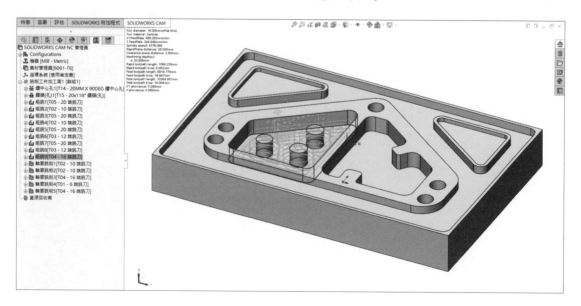

⬢ SOLIDWORKS CAM Professional

而 SOLIDWORKS CAM Professional（選購）除了本身 2.5 軸的基礎功能之外，也提供了組合件環境加工、3+2 軸加工（3+2 軸加工指的是，假設使用者的設備具有旋轉及傾斜軸，軟體可自動計算加工旋轉的角度為何，但僅作為定位使用，而使用的工法，仍然是以 2.5 軸為主，無法進行同動銑削）、高速加工（VoluMill）、車床模組。

1.2 SOLIDWORKS CAM 模型組態之應用

當您在 SOLIDWORKS CAM 當中使用模型組態之前，先了解 SOLIDWORKS 的模型組態與 SOLIDWORKS CAM 模型組態的區別，是很重要的。

- **SOLIDWORKS 模型組態**：當您有一個零件具有相同的外型，但僅有尺寸或局部特徵上的差異，您可以利用 SOLIDWORKS 模型組態功能，將一個零件藉由參數化的方式，產生出多種尺寸樣貌，減少我們重複繪製圖面的時間，也可以減少檔案管理的複雜性。

以下圖為例，針對此手工具檔案，我們可以根據尺寸來建立長跟短兩種不同的的模型組態，且藉由加工特徵的抑制及解除抑制，又可以區分為加工件及鍛造件兩種不同的模型組態。在同一個零件檔案中，我們就能具備短鍛件、長鍛件、短加工及長加工四種不同的樣貌。

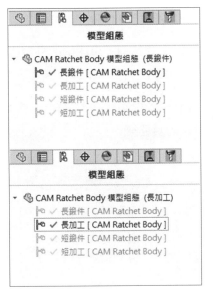
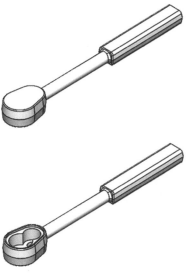

- **SOLIDWORKS CAM 模型組態**：在 SOLIDWORKS CAM 當中同樣也支援模型組態的功能，您可以在零件或組合件的環境中設定模型組態，SOLIDWORKS CAM 可以針對當下組態的零件設定不同的加工方式。如下圖所示，此零件本身包含了車床及銑床兩道工序，您可以在 SOLIDWORKS CAM 中設定車床的加工及銑床的加工。

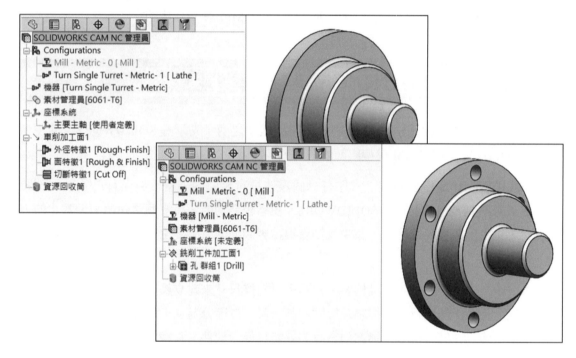

SOLIDWORK CAM 模型組態，可以做為以下幾種目的：

1. SOLIDWORKS 模型組態可用於呈現同一系列每種零件對應的尺寸。

2. SOLIDWORKS CAM 模型組態可用於素材，以上圖為例，車床階的外型可作為銑床階的素材。

3. SOLIDWORKS CAM 模型組態可以用於呈現各個製程階段的刀具路徑。以上圖為例，您可以依照模型組態區分車床刀具路徑及銑床刀具路徑。

在 SOLIDWORKS CAM 的樹狀結構列，您會看到 **Configurations（組態）** 的樹狀圖，裡面會包含可以使用的模型組態。而 SOLIDWORKS CAM 的組態數量不一定等同 SOLIDWORKS 的組態數量，可能一個零件就可以有好幾個組態，但每次只能啟動一個組態。

> **提示** 您可以在 SOLIDWORKS CAM 選項中，勾選是否啟用模型組態功能。
>
> 組態
> ☑ 使用SOLIDWORKS CAM組態
>

指令TIPS 模型組態 🔍

- SOLIDWORKS CAM 加工特徵管理員或加工計劃管理員：點選**組態**以展開項目檢視。

1.3 範例練習：利用模型組態

在此範例中，我們將為此零件建立新的模型組態，並針對此零件不同組態建立不同的加工，並且利用模型組態來作為零件的素材。

STEP 1 開啟檔案

請至範例資料夾 Lesson 01\Case Study，並開啟檔案「CAM Metric Clamping Plate.sldprt」。

STEP 2 檢視 SOLIDWORKS 模型組態

請將畫面切換至 ConfigurationManager，您可以看到此零件包含了 4 個模型組態，每個組態具有不同的尺寸及外型。確認目前啟動的組態為 K15-156 156-17。

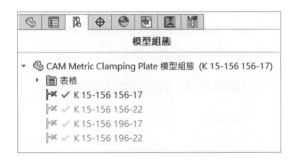

STEP 3 定義機器

請將畫面切換至 SOLIDWORKS CAM 加工特徵管理員。

請至 CommandManager 點選**定義機器**。

選擇**機器** Mill-Metric，作為**啟用的機器**。

選擇**刀塔** Tool Crib 2(Metric)，作為**啟用的刀塔**。

選擇**後處理程序** M3AXIS-TUTORIAL，作為**啟用的後處理**。

點選**確定**。

STEP 4 定義素材

請至**素材管理員**上按滑鼠右鍵，並選擇編輯定義。

材質：選擇 1018。

素材類型：選擇**邊界方塊**。

點選**確定**。

STEP 5 定義座標系統

請至**座標系統**上按滑鼠右鍵，並選擇
編輯定義。

選擇座標系統**方法**為 **SOLIDWORKS
座標系統**，並選擇 Coordinate System1 作
為此零件的程式原點。

點選**確定**。

STEP 6 設定自動辨識可加工特徵

請至 **SOLIDWORKS CAM** 選項中，針對自動辨識
可加工特徵，勾選**孔**及**無孔**。

孔辨識選項：設定**最大直徑**為 50mm。

點選**確定**。

特徵型態
- ☑ 孔(H)
- ☑ 無孔(Q)
- ☐ 島嶼外形(B)
- ☐ 面(e)
- ☐ 工件外型(J)
- ☐ 錐度與圓角(L)
- ☐ 多(軸)表面槽穴(K)
- ☐ 用於倒角的曲線特徵

孔識別選項
最大直徑：1000mm
最小角度：360deg
- ☐ 精簡分離的孔(N)
- ☑ 識別柱孔
- ☐ 將孔延伸至素材　　套用...

STEP 7 提取特徵

請至 CommandManager 點選**提取加工特徵**。

提取後的結果會如右圖所示。

SOLIDWORKS CAM NC 管理員
- Configurations
- 機器 [Mill - Metric]
- Stock Manager[6061-T6]
- 座標系統 [Coordinate System1]
- 銑削工件加工面1
  - 孔1 [Drill]
  - 孔 群組1 [Drill]
  - 孔 群組2 [Drill]
  - 孔 群組3 [螺紋] [6.0x1.0 MC 螺絲攻]
  - 孔 群組4 [Drill]
- Recycle Bin

STEP 8 產生加工計劃

請至 CommandManager 點選**產生加工計劃**。

產生的加工計劃會如右圖所示。

SOLIDWORKS CAM NC 管理員
- Configurations
- 機器 [Mill - Metric]
- Stock Manager[6061-T6]
- 座標系統 [Coordinate System1]
- 銑削工件加工面1 [群組1]
  - 鑽中心孔1[T23 - 10MM X 90DEG 鑽中心
  - 鑽頭(孔)1[T24 - 16x118° 鑽頭(孔)]
  - 粗銑1[T04 - 16 端銑刀]
  - 輪廓銑削1[T04 - 16 端銑刀]
  - 鑽中心孔2[T25 - 20MM X 90DEG 鑽中心
  - 鑽頭(孔)2[T26 - 17.5x118° 鑽頭(孔)]
  - 鑽中心孔3[T25 - 20MM X 90DEG 鑽中心
  - 鑽頭(孔)3[T27 - 20x118° 鑽頭(孔)]
  - 鑽中心孔4[T28 - 12MM X 60DEG 鑽中心
  - 鑽頭(孔)4[T29 - 5x118° 鑽頭(孔)]
  - 螺絲攻1[T30 - 6.0x1.0MC 螺絲攻]
  - 鑽中心孔5[T28 - 12MM X 60DEG 鑽中心
  - 鑽頭(孔)5[T31 - 11x118° 鑽頭(孔)]
- Recycle Bin

STEP 9 產生刀具路徑

點選**產生刀具路徑**，產生的刀具路徑
會如右圖所示。

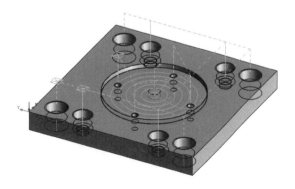

1.3.1 建立 CAM 模型組態

在此範例中，我們將針對此零件不同的組態，建立對應 CAM 的組態。讓這些外型相似但尺寸相異的零件，都能產生對應的加工計劃及刀具路徑。

1. 請將畫面切換至 SOLIDWORKS ConfigurationManager，並針對您想要切換的組態，快按滑鼠左鍵兩下，此時畫面將會切換成您所選擇的組態。切換完成之後，再將畫面切換至 SOLIDWORKS CAM 加工特徵管理員。

而當您執行以下動作，SOLIDWORKS CAM 組態的對話框會自動跳出，詢問您下一步的動作：

- 當您切換 SOLIDWORKS 組態，並且切換至 SOLIDWORKS CAM 加工特徵管理員或加工計劃管理員的時候。

- 當您開啟 SOLIDWORKS 零件或組合件檔案，但此時 SOLIDWORKS 所呈現的組態與當初 SOLIDWORKS CAM 所儲存的組態是不匹配的時候。

以此題為例，當組態切換至 K 15-156 156-22 時，可以透過以下三種方式來切換組態。

- 顯示選取的：如果您已經在 SOLIDWORKS CAM 當中建立組態，您可以直接選擇您想切換的組態。

- 複製並顯示：當您選擇複製並顯示，它會幫您將原本的加工計劃複製給新的組態，並將畫面切換為新的模型組態。

- 加入組態：當您選擇加入組態，它會於 SOLIDWORKS CAM 當中建立新的空白組態。

> **提示** 當您切換至 SOLIDWORKS CAM 的模型組態時，如果 SOLIDWORKS CAM 的資料與現有的 SOLIDWORKS 模型不匹配，此時軟體會出現警告訊息，詢問您是否重新執行特徵辨識。
>
>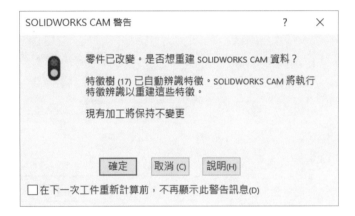
>
> 如果您選擇取消，則 SOLIDWORKS CAM 不會更新所有加工特徵，您必須逐一檢視並修改。

2. 請將畫面切換至 SOLIDWORKS CAM 加工特徵管理員，並在 Configurations 上按滑鼠右鍵，並選擇組態…，接著進入組態管理員，並嘗試加入一個新的組態。

組態選項

在組態管理員的介面下，我們可以執行以下動作：

- **複製組態**：當您選擇複製組態，它會幫您將原本的加工計劃複製給新的組態，並將畫面切換為新的模型組態。

- **加入組態**：當您選擇加入組態，它會於 SOLIDWORKS CAM 當中建立新的空白組態。

針對啟動中的組態，您可以按滑鼠右鍵：

- **複製組態**：請將原本的加工計劃複製給新的組態。

- **重新命名**：重新命名此組態。

針對未啟動中的組態，您可以按滑鼠右鍵：

- **顯示組態**：請將您選擇的組態，切換為啟動狀態。

- **複製組態**：請將原本的加工計劃複製給新的組態。

- **重新命名**：重新命名此組態。

STEP **10** 複製 CAM 模型組態

　　請將畫面切換至 SOLIDWORKS 模型組態，並將組態切換為 K15-156 156-22。然後再將畫面切換至 SOLIDWORKS CAM 模型組態管理員。

　　此時 SOLIDWORKS CAM 組態的對話框會自動跳出。

- 組態 K15-156 156-17 為目前現有的組態，它將會被選取。

- 選擇**複製並顯示**。

- 點選**確定**。

　　SOLIDWORKS CAM 警告對話框將會自動跳出，詢問是否重新計算。

　　點選**確定**，並重新執行計算。

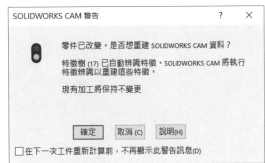

STEP **11** 確認結果

　　新的組態將會根據現有的模型組態複製所有加工特徵，並保持所有加工參數。

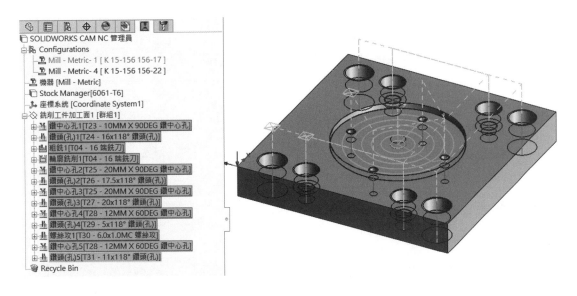

重複上述動作,將後續兩個組態的刀具路徑一併完成。

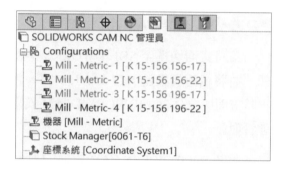

STEP 12 切換組態

請將畫面切換至 SOLIDWORKS 模型組態,並將組態切換為 K15-156 156-17。然後再將畫面切換至 SOLIDWORKS CAM 模型組態管理員。

> **提示**
>
> 因為目前的模型組態在 SOLIDWORKS CAM 已經設定好了加工計劃及刀具路徑,因此當您切換組態的時候,軟體會提示您是否將畫面切換為現有組態,或者是產生新的組態。請選擇**顯示選取的**。
>
>
>
> 點選**確定**。
> 此時軟體會自動重新計算刀具路徑。
> 點選**確定**。

STEP 13 儲存並關閉檔案

◆ 關聯特徵

在上述範例中，我們利用複製現有的 SOLIDWORKS 組態來產生新的 SOLIDWORKS CAM 組態。每個組態的加工特徵都是沿用同一組特徵進行尺寸的修改及位置的調整，但如果您建立了一個新的 SOLIDWORKS 組態，它新增了之前沒有的特徵，或者刪除了現有的特徵。那麼關聯特徵的對話框將會自動顯示。

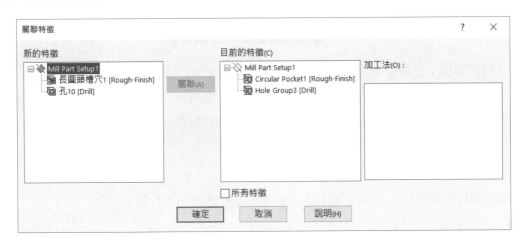

關聯特徵的功能，主要用於將現有的特徵與新的特徵產生關聯，以便將其加工計劃及刀具路徑複製給新特徵使用。

在以下兩種情況，關聯特徵的功能將會自動開啟：

- 當您根據現有資料執行重新產生刀具路徑時，新的模型包含了新的特徵，您必須重新與現有特徵匹配。

- 您可以於 SOLIDWORKS CAM 樹狀結構項次中的 SOLIDWORKS CAM NC 管理員上按滑鼠右鍵，並選擇**連結特徵**來手動開啟指令。

關聯特徵介面說明：

- **新的特徵**：在此欄位中，所有辨識出來的新特徵，且沒有與現有特徵關聯的，將會被羅列在此欄位。

  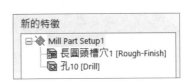

  請在特徵上按滑鼠右鍵，以顯示參數設定及屬性來檢視內容，但無法將其刪除。

當您於對話框中點選了特徵，則 SOLIDWORKS 的操作畫面將會以亮藍色顯示亮顯。

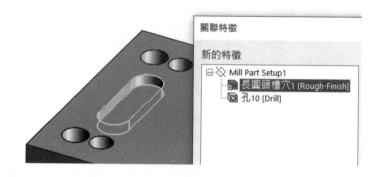

- **目前的特徵**：此欄位會顯示在之前的模型組態中已經有設定好加工計劃的特徵。下方的**所有特徵**核取方塊可以過濾特徵，將已經匹配完成的特徵隱藏。而原先有加工計劃但是可能因為模型改變而沒有被匹配到的特徵，將會列於清單之中，並顯示紅色驚嘆號，提醒使用者特徵遺失了。

當點選任一特徵時，右邊的加工法會顯示特徵對應的加工計劃。

當您在目前的特徵中點選特徵，則在 SOLIDWORKS 的操作畫面會以紅色顯示遺失的特徵。

如果您想要將遺失的特徵刪除，您必須等關閉此對話框之後，再至 SOLIDWORKS CAM 加工特徵管理員的樹狀結構中將其刪除。

關聯特徵可以將新的特徵與目前的特徵結合，讓新的特徵可以繼承目前的加工計劃。

如果您想將新的特徵與目前的特徵關聯,請注意以下規則:

- 銑削工件加工面及車削工件加工面新舊檔案必須一致。

- 目前特徵的加工計劃必須能支援新特徵,舉例來說,您無法將鑽孔匹配矩形槽穴。

> **提示** 您可以參考 SOLIDWORKS CAM 說明來得到更多資訊。

當您將現有特徵與新特徵關聯,關聯特徵將會出現以下對話框,提示您是否將現有的加工計劃套用於新特徵。

- **加入**:以銑床來說,當您點選加入時,它會幫您把新的特徵與目前的特徵結合在一塊(只有一個加工計劃),且不會將目前的特徵刪除。

  但以車床來說,當您點選加入時,它會幫您把目前的加工計劃複製給新的特徵。(會有兩個加工計劃)

- **置換**:當您點選置換時,它會幫您把目前的加工計劃套用給新的特徵,且將目前的特徵刪除。

當您選擇加入或置換之後,原先於目前的特徵中所顯示的特徵,上面的紅色驚嘆號會變更為綠色的縮圖,表示原先遺失的問題已經被排除。當您關閉此對話框,則在 SOLIDWORKS CAM 加工特徵管理員中,原有的特徵將會被刪除,取而代之的是新的特徵。

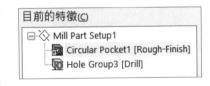

STEP 14 開啟檔案

請至範例資料夾 Lesson 01\Case Study,並開啟檔案「CAM Metric Clamping Plate ASSOCIATE.sldprt」。

STEP 15 切換模型組態

請將畫面切換至 ConfigurationManager。

K15-156 196-22 為目前啟動的組態,將組態切換至 Make K15-176 206-22。

提示 請注意,新的模型組態有些許特徵是與原有的模型組態不相同的。例如您會看到在畫面的左手邊新增了一個直狹槽的除料特徵,而原本畫面當中的圓形槽穴,從原先的直徑 90mm 深度 4mm 的槽穴,變成了 25mm 的貫穿孔,而中間 4 個螺紋孔特徵,則是被抑制了。

STEP 16 建立 CAM 模型組態

請將畫面切換至 SOLIDWORKS CAM 加工特徵管理員。

此時 SOLIDWORKS CAM 組態的對話框會自動跳出:

- 選擇組態 K15-156 196-22,並點選**複製並顯示**。

- 點選**確定**。

SOLIDWORKS CAM 會自動跳出警告訊息,詢問是否重建 CAM 資料。

點選**確定**。

關聯特徵的對話框會自動顯示，如下圖所示。

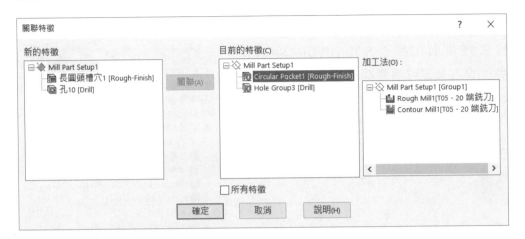

在新的特徵欄位中，您會看到新增了兩個特徵。

長圓頭槽穴 1 對應剛剛新增的直狹槽伸長除料。

原有的圓形槽穴 1（Circular Pocket1），變更為孔 10。

而原先的 3 個鑽孔，因為特徵被抑制了，因此後續您必須於特徵管理員將其刪除。

<blockquote>

提示　原先的圓形槽穴經過設計變更，軟體會將其歸類成孔。主要是因為我們在 SOLIDWORKS CAM 選項中，有定義了**最大孔徑**為 50mm。因此超過 50mm 以上的孔會被判定為槽穴，對應的加工計劃為粗銑及輪廓銑削；而低於 50mm 的孔，則是使用鑽孔的方式加工。

</blockquote>

但因為長圓頭槽穴所使用的加工計劃，可以繼承原有圓形槽穴的加工計劃。因此我們可以將其進行關聯。

請於**新的特徵**中，選擇長圓頭槽穴 1。

請於**目前的特徵**中，選擇圓形槽穴 1（Circular Pocket1）。

點選**關聯**鈕。

此時**關聯特徵**的對話框將會自動跳出，詢問您加入或置換。

選擇**置換**。

點選**確定**。

接著將畫面切換至 SOLIDWORKS CAM 加工特徵管理員，可看到圓形槽穴 1（Circular Pocket1）特徵已經被長圓頭槽穴 1 所取代，且在特徵管理員當中，還有新增的孔 10 特徵。

在孔群組特徵 Hole Group3 上按滑鼠右鍵將其**刪除**。

STEP 17 產生加工計劃及刀具路徑

按住鍵盤 Ctrl 鍵，選擇長圓頭槽穴 1 及孔 10，再按滑鼠右鍵，並選擇**產生加工計劃**。

產生加工計劃的對話框將會自動跳出。

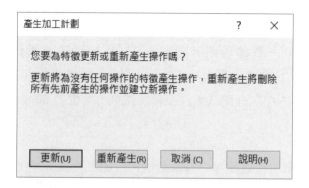

點選**重新產生**。

軟體會針對此兩特徵，產生新的加工計劃。

請將畫面切換至 SOLIDWORKS CAM 加工計劃管理員，則新的加工計劃會被加入至最下方，且以藍色的文字顯示。

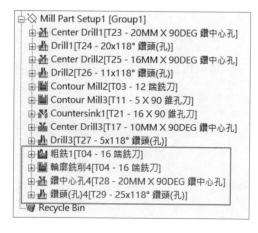

複選新的加工計劃後按滑鼠右鍵，並
選擇**產生刀具路徑**。確認新的刀具路徑是
否正確。

STEP▶ 18 儲存並關閉

⬡ **以 SOLIDWORKS 模型組態作為素材**

SOLIDWORKS 模型組態除了用於加工之外，
同時也能用於素材。在接下來的範例中，我們將示
範如何將模型組態運用於素材。

如果您想要將 SOLIDWORKS 模型組態設定為
素材，您可以至素材管理員中，將**素材類型**選擇為
組件檔案，並點選**當前組件**及從其下拉式選單中選
擇您需要的組態。

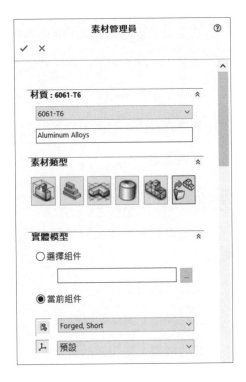

STEP▶ 19 開啟檔案

請至範例資料夾 Lesson 01\Case Study，並開啟檔案「CAM Ratchet Body.sldprt」。

首先需確認目前的組態為 Machined, Short。

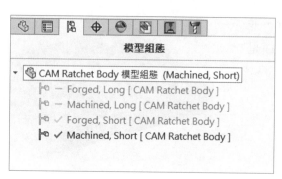

STEP **20** 定義機器

請將畫面切換至 SOLIDWORKS CAM 加工特徵管理員。

在**機器**上按滑鼠右鍵,並選擇**編輯定義**。

機器:選擇 Mill-Metric,作為**使用的機器**。

刀塔:選擇 Tool Crib 2(Metric),作為**使用的刀塔**。

後處理程序:選擇 M3AXIS-TUTORIAL.ctl,作為**使用的後處理**。

點選**確定**。

STEP **21** 定義素材

請至**素材管理員**上按滑鼠右鍵,並選擇編輯定義。

材質:選擇 304。

素材類型:選擇**組件檔案**。

實體模型:選擇**當前組件**,並於下拉式選單選擇 Forged, Short 組態作為素材。

點選**確定**。

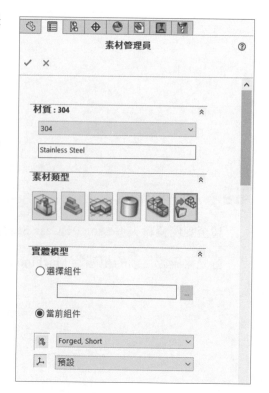

STEP **22** 定義座標系統

請至**座標系統**上按滑鼠右鍵，並選擇編輯定義。

原點：選擇**素材邊界範圍頂點**，並點選左上角作為程式原點。

軸向：確保 Z 軸方向朝上。

點選**確定**。

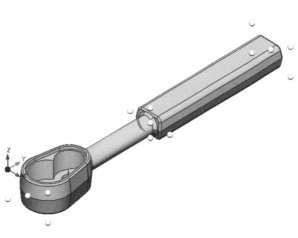

STEP **23** 設定自動辨識可加工特徵選項

點選 **SOLIDWORKS CAM** 選項。

請於自動辨識可加工特徵中勾選**孔**與**無孔**。

特徵型態
- ☑ 孔(H)
- ☑ 無孔(Q)
- ☐ 島嶼外形(B)
- ☐ 面(e)
- ☐ 工件外型(J)
- ☐ 錐度與圓角(L)
- ☐ 多(軸)表面槽穴(K)
- ☐ 用於倒角的曲線特徵

STEP 24 特徵辨識

請至 CommandManager 點選**提取加工特徵**，再將畫面切換至 SOLIDWORKS CAM 加工特徵管理員，您會得到如右圖的結果。

```
SOLIDWORKS CAM NC 管理員
├ Configurations
├ 機器 [Mill - Metric]
├ Stock Manager[304]
├ 座標系統 [使用者定義]
└ 銑削工件加工面1
   ├ 不規則槽穴1 [Rough-Finish]
   ├ 不規則槽穴2 [Rough-Finish]
   ├ 孔1 [Drill]
   ├ 孔2 [Drill]
   └ Recycle Bin
```

STEP 25 產生加工計劃

請至 CommandManager 點選**產生加工計劃**，再將畫面切換至 SOLIDWORKS CAM 加工計劃管理員，您會得到如右圖結果。

```
SOLIDWORKS CAM NC 管理員
├ Configurations
├ 機器 [Mill - Metric]
├ Stock Manager[304]
├ 座標系統 [使用者定義]
└ 銑削工件加工面1 [群組1]
   ├ 粗銑1[T02 - 10 端銑刀]
   ├ 輪廓銑削1[T04 - 16 端銑刀]
   ├ 粗銑2[T01 - 6 端銑刀]
   ├ 輪廓銑削2[T13 - 1 端銑刀]
   ├ 鑽中心孔1[T23 - 16MM X 90DEG 鑽中心孔]
   ├ 鑽頭(孔)1[T24 - 14x118° 鑽頭(孔)]
   ├ 鑽中心孔2[T17 - 10MM X 90DEG 鑽中心孔]
   ├ 鑽頭(孔)2[T25 - 9x118° 鑽頭(孔)]
   └ Recycle Bin
```

STEP 26 產生刀具路徑

請至 CommandManager 點選**產生刀具路徑**，產生的結果如右圖所示，請確認其結果。

當您執行模擬刀具路徑時，即可以看到鍛造素材的外型了。

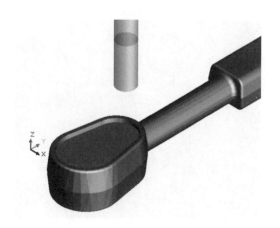

STEP 27 儲存及關閉檔案

練習 1-1 利用 SOLIDWORKS 模型組態產生刀具路徑

藉此範例，練習使用 SOLIDWORKS CAM 模型組態，為此零件的每一個組態產生刀具路徑。

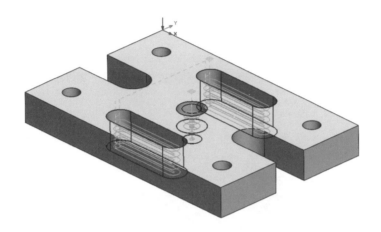

操作步驟

STEP 1 開啟檔案

請至範例資料夾 Lesson 01\Exercises，並開啟檔案「EX_PartConfiguration.sldprt」。

STEP 2 選擇組態

請將畫面切換至 ConfigurationManager，並將組態切換至 10×6。

STEP 3 定義機器

請將畫面切換至 SOLIDWORKS CAM 加工特徵管理員。

請至**機器**上按滑鼠右鍵，並選擇編輯定義。根據以下條件，**設定機器：**

- 機器：Mill-Inch。
- 刀塔：Tool Crib 2(Inch)。
- 後處理程序：M3AXIS-TUTORIAL。

STEP 4 定義素材

請至素材管理員上按滑鼠右鍵，並選擇編輯定義。

- **材質**：304。

- **素材類型**：選擇外觀邊界。

STEP 5 定義座標系統

請參考下圖，將模型的左上角設定為程式原點，並確認 Z 軸方向。

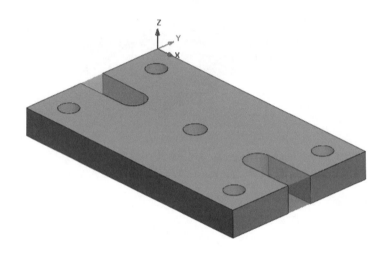

STEP 6 設定選項

開啟 SOLIDWORKS CAM 選項，在**自動辨識可加工特徵**中，勾選特徵型態：

- 孔

- 無孔

STEP 7 產生加工特徵、加工計劃及刀具路徑

執行提取加工特徵，啟動特徵辨識，並將辨識出來的結果產生加工計劃及刀具路徑。

STEP 8 產生 CAM 模型組態

請將畫面切換至 ConfigurationManager，組態切換成 12×8。

再將畫面切換至 SOLIDWORKS CAM 加工特徵管理員。

在 SOLIDWORKS CAM 組態的對話框中，選擇**複製並顯示**。

點選**確定**。

點選**重建**。

STEP 9　置換特徵

請至關聯特徵的對話框中，針對孔群組及柱孔，依序將新的特徵與目前的特徵關聯，並選擇使用**置換**的方式。

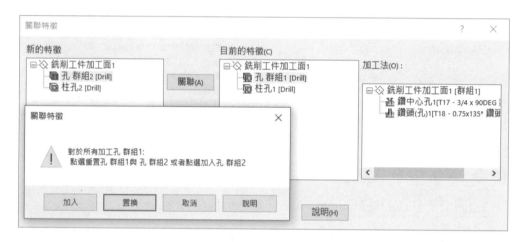

點選**確定**。

STEP 10　更新刀具路徑

檢視 SOLIDWORKS CAM 加工特徵管理員，從中可以看到原先孔群組 1 將會置換成孔群組 2，柱孔 1 將會置換成柱孔 2。

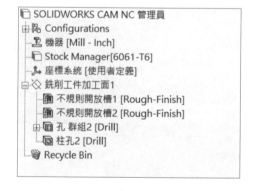

再將畫面切換至 SOLIDWORKS CAM 加工計劃管理員，並將新產生的加工計劃展開，您會看到這些加工計劃對應的特徵，都是新的特徵。

請全選這些新的加工計劃，並按滑鼠右鍵選擇**產生刀具路徑**。

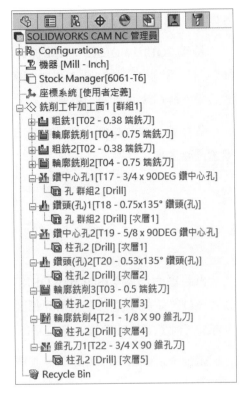

STEP 11 建立 CAM 模型組態

請將畫面切換至 ConfigurationManager，組態切換成 15×10。

再將畫面切換至 SOLIDWORKS CAM 加工特徵管理員。

在 SOLIDWORKS CAM 組態的對話框中，確認目前選擇做為參考的組態為 Mill-Inch-1[12×8]，接著選擇**複製並顯示**。

點選**確定**。

點選**重建**。

STEP 12 置換特徵

請至關聯特徵的對話框中，針對孔群組及柱孔，依序將新的特徵與目前的特徵關聯，並選擇使用**置換**的方式。

點選**確定**。

STEP 13 更新刀具路徑

檢視 SOLIDWORKS CAM 加工特徵管理員，從中可以看到原先的柱孔 2 將會置換成柱孔 3，長圓頭槽穴群組 3 為新增的特徵。

選擇柱孔 3 及長圓頭槽穴群組 3，並按滑鼠右鍵選擇**產生加工計劃**。

```
SOLIDWORKS CAM NC 管理員
Configurations
機器 [Mill - Inch]
Stock Manager[6061-T6]
座標系統 [使用者定義]
銑削工件加工面1
    不規則開放槽1 [Rough-Finish]
    不規則開放槽2 [Rough-Finish]
    孔 群組2 [Drill]
    柱孔3 [Drill]
    長圓頭槽穴 群組3 [Rough-Finish]
Recycle Bin
```

再將畫面切換至 SOLIDWORKS CAM 加工計劃管理員，並將新產生的加工計劃展開，您會看到這些加工計劃對應的特徵，都是新的特徵。

請全選這些新的加工計劃，並按滑鼠右鍵選擇**產生刀具路徑**。

```
SOLIDWORKS CAM NC 管理員
Configurations
機器 [Mill - Inch]
Stock Manager[6061-T6]
座標系統 [使用者定義]
銑削工件加工面1 [群組1]
    粗銑1[T02 - 0.38 端銑刀]
    輪廓銑削1[T04 - 0.75 端銑刀]
    粗銑2[T02 - 0.38 端銑刀]
    輪廓銑削2[T04 - 0.75 端銑刀]
    鑽中心孔1[T17 - 3/4 x 90DEG 鑽中心孔]
    鑽頭(孔)1[T18 - 0.75x135° 鑽頭(孔)]
    鑽中心孔2[T19 - 5/8 x 90DEG 鑽中心孔]
        柱孔3 [Drill] [次層1]
    鑽頭(孔)2[T20 - 0.53x135° 鑽頭(孔)]
    輪廓銑削3[T03 - 0.5 端銑刀]
    輪廓銑削4[T21 - 1/8 X 90 錐孔刀]
    錐孔刀1[T22 - 3/4 X 90 錐孔刀]
    粗銑3[T04 - 0.75 端銑刀]
        長圓頭槽穴 群組3 [Rough-Finish]
    輪廓銑削5[T04 - 0.75 端銑刀]
Recycle Bin
```

STEP 14 儲存並關閉檔案

02

高速加工（VoluMill）

 順利完成本章課程後，您將學會：

- VoluMill 帶來的好處

- 利用 VoluMill 產生刀具路徑

2.1 VoluMill 概述

VoluMill 是一種具有高效率的粗銑刀具路徑,它可以取代傳統的粗加工方式。使用 VoluMill 可以大幅減少加工時間、延長刀具壽命、減少機器的負載。

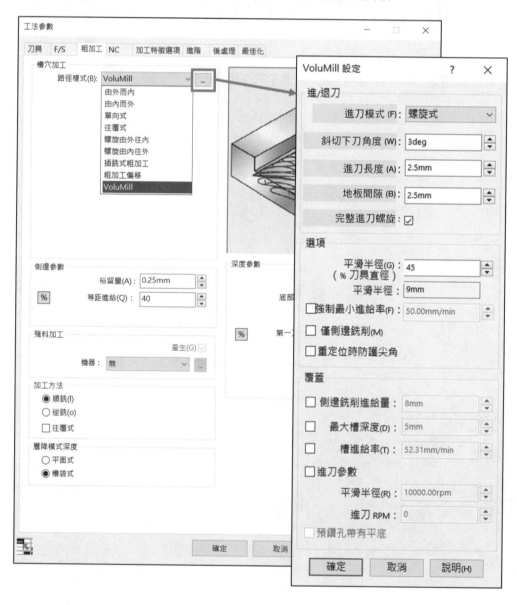

> **提示** VoluMill 僅支援 SOLIDWORKS CAM Professional 版本。若您在 SOLIDWORKS CAM Standard 版本中，開啟一個 SOLIDWORKS 零件檔案，且它包含了 VoluMill 粗加工刀具路徑，此時軟體會出現警告訊息，並將此加工計劃抑制。

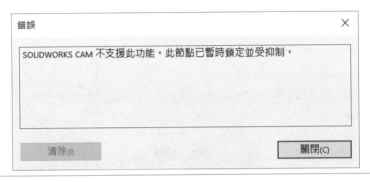

◈ 特色及優點

VoluMill 在刀具路徑上與傳統的加工方式不同，它是採用弧線的移動路徑而非直線，能有效減少刀具的接觸面積及阻力，且傳統的粗銑刀具路徑通常只有一個固定的切削速度，這樣的結果往往會導致刀具及機器的負擔。但 VoluMill 會分析刀具的刀具路徑、隨時調整刀具的進給速度，確保刀具的負載都是恆定的，除了大幅縮短加工的時間之外，也減少刀具及機械的損耗，降低加工的成本。

◈ 提示和指南

VoluMill 在切削的時候，會使用較小的步距，但較深的切削深度，這也意味著刀具的使用效率更好，且因為刀具路徑的優化，可以避免路徑的急遽變化，而有效的延長刀具壽命。因此 VoluMill 可運用在任何材料，特別是較硬的材質。以下條件是我們在設定 VoluMill 的時候，應注意的細節。

- **刀刃長度**：因 VoluMill 主要是依靠較長的刀刃長度來進行切削，以達到更有效的刀具利用率及較少的分層。因此，當您在設定刀刃的切削深度時，建議從 1~2 倍的直徑倍率來設定，例如刀具的直徑為 10mm，建議的加工深度至少為 10~20mm。

- **轉速及步距**：轉速的部分建議可以參考刀具廠商的建議值，並先從三倍的轉速開始。而步距的部分則是建議依照材質的軟硬來做調整，切削較硬的材質如工具鋼或者是鈦合金，建議可以從 8~12% 的直徑倍率開始；若切削較軟的材質如鋁合金，則可以將步距設定為 30~40% 的直徑倍率。當您切削到狹窄的角落時，軟體會自動調整轉速及進給，減少刀具負擔，在您使用 VoluMill 之後，您會發現唯一的限制就是機器的轉速上限。

- **VoluMill Technology Expert**：VoluMill 刀具路徑的切削參數有別於傳統粗加工參數，因此 SOLIDWORKS CAM 提供了一個 VoluMill Technology Expert，也就是類似計算機的功能。您可以在 F/S 轉速及進給的分頁下找到此選項，並在此對話框中設定相關的切削資料，例如：材質類型、材質硬度、刀具是否有塗層、夾持條件…。軟體會依照您所給予的條件給予保守或激進的加工參數。

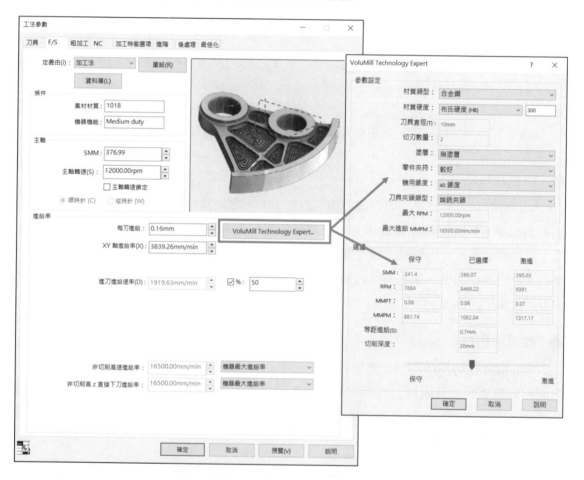

- **切刃數量**：刀具切刃數量越多，越適合使用 VoluMill。相同的進給之下，刃數越多的刀具，刀片的負擔越輕。經測試證明，3 刃的刀具適合運用在鋁合金等較軟的材質，5 刃的刀具則適合各種較硬的材料。

- **刀具直徑**：與傳統的加工觀念相反，刀具的直徑不見得是越大越好。使用 VoluMill 刀具產生的刀具路徑，其路徑為圓弧狀，因此如果能有更大的空間來讓刀具移動，反而可以提升切削效率，且因為較小的刀具能清除更小的角落，您無須為了清除角落的殘料，而多加一把粗銑的加工計劃。

- **現有刀具路徑使用 VoluMill**：如果您使用現有的粗加工並將其路徑樣式修改為 VoluMill，同時也沒有修改進給率、調整加工深度及側邊進給，那麼刀具路徑的距離及加工的時間，通常會變得更長。

- **槽穴深度**：當您使用 VoluMill 來加工槽穴時，在加工效率上的表現，深度較深的槽穴會比深度較淺的槽穴表現更為優異。因為 VoluMill 使用較深的切刃深度，在加工深度較深的槽穴中，可以有效的減少 Z 軸的分層數量，節省加工時間。

- **加工時間及工具負載**：雖然說加工時間的減少是 VoluMill 最明顯的優勢，但除此之外也別忘了，透過 VoluMill 優化的刀具路徑，能提供更一致的工具負載，進而延長機械及刀具的壽命。

⬢ 限制

VoluMill 在使用上仍有需要注意的限制：

- **島嶼及錐度**：如果 2.5 軸槽穴的特徵包含了島嶼，則島嶼的錐度必須與特徵周邊的錐度相同。

- **支援刀具**：VoluMill 支援端銑刀、球刀及平鼻球刀，如果您在使用 VoluMill 時選擇了其他的工具，軟體會出現警告訊息，說明粗加工類型不支援當前的工具類型。

2.2 範例練習：使用 VoluMill

在此範例中，我們將利用此檔案來比較傳統粗加工刀具路徑與 VoluMill 在粗銑上的差異。

STEP▶ 1　開啟檔案

請至範例資料夾 Lesson 02\Case Study，並開啟檔案「VM_BRACE.sldprt」。

在此範例中，機器（Mill-Inch）、素材（6061-T6，外觀邊界）及座標系統皆已設定完畢，銑削工件加工面 1 也已經建立完成。

STEP 2   建立 2.5 軸特徵

請將畫面切換至 SOLIDWORKS CAM 加工特徵管理員。

在銑削工件加工面 1 上按滑鼠右鍵，並選擇 **2.5 軸特徵**。

特徵類型：選擇**轉角開放槽**。

> **提示**　在這邊會建議使用**轉角開放槽**的特徵，而非外槽穴，以便可以為兩個開放槽建立獨立的粗加工。

在此範例中，我們先選擇左邊的槽穴。

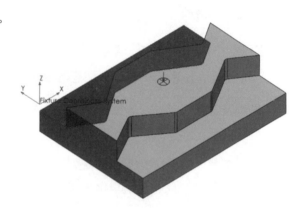

終止條件：選擇零件的頂面。

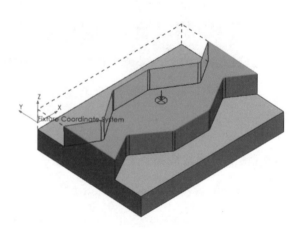

策略：選擇 **Rough**。

點選**確定**。

不規則開放槽特徵 1 建立完畢。

STEP 3 產生加工計劃

請將滑鼠移至不規則開放槽特徵 1 上按滑鼠右鍵，並選擇**產生加工計劃**。

軟體會為您加入一粗銑加工計劃，且使用 3/4 EM CRB 2FL 1-1/2 LOC 作為切削刀具。

STEP 4 修改刀具

請於粗銑 1 上按滑鼠右鍵，並選擇編輯定義。在**刀具**的分頁中選擇**刀塔**，並將 1/2 EM CRB 4FL 1 LOC 加入刀塔並按**選擇**。

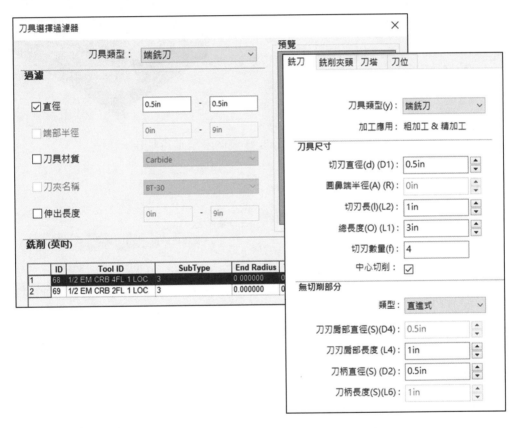

我們將利用此把刀具進行 VoluMill。它具有較小的直徑 0.5in，切刃數量 4，切刃長 1in。

STEP 5　產生刀具路徑

請至粗銑 1 上按滑鼠右鍵，並選擇**產生刀具路徑**。

粗加工刀具路徑將會生成。

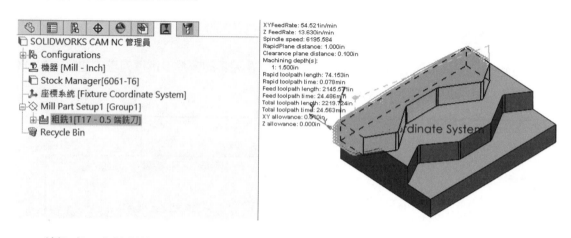

請注意，在銑削的過程當中，深度將分成好幾個階層進行切削。

STEP 6　檢查加工路徑參數

請至粗銑 1 上按滑鼠右鍵，並選擇**編輯定義**。

首先我們先到**刀具**的分頁，檢視刀具的參數，您會看到此刀具的**切刃長度**為 1in。

接著再切換到**粗加工**的分頁，檢視加工參數。您會看到在路徑樣式中，目前的設定為**粗加工偏移**。

深度參數的部分，您可以點選百分比符號，以切換百分比跟實際尺寸的顯示樣式。**第一刀切削量**為 0.25in。實際上這個數字僅用到了刀刃的一小部分而已。

最後，我們將畫面切換到至 **F/S** 的分頁，並檢視轉速及進給值。

您可以看到，目前的設定為根據資料庫。

| 刀具 | F/S | 粗加工 | NC | 加工特徵選項 | 進階 | 最佳化 |

定義由(i)： 資料庫 ∨　　重設(R)

資料庫(L)

條件

素材材質： 6061-T6

機器機能： Medium duty

主軸

SFM： 811

主軸轉速(S)： 6195.58rpm

☐ 主軸轉速鎖定

◉ 順時針 (C)　　○ 逆時針 (W)

進給率

每刃進給： 0in

XY 軸進給率(X)： 54.52in/min

Z 軸進給率(Z)： 13.63in/min　　☑ %： 25

進刀進給速率(D)： 27.26in/min　　☑ %： 50

VoluMill Technology Expert...

最後，將畫面切換至 **最佳化** 的分頁。在此軟體會根據路徑線長及進給速度來估算加工時間。您可以看到，目前預估的加工時間約 25.715 分鐘。

預估加工時間

	刀具路徑長度	時間（分）
進給	1289.32in	25.589
快速：	72.14in	0.076
無切削		0.05
總計：	1361.46in	25.715

 提示　路徑長度及加工時間有可能會因為技術資料庫的不同而有所不同。

點選 **確定**，並關閉對話框。

2.2.1　設定 VoluMill

當您於路徑樣式選擇 **VoluMill** 之後，您可以點選右邊的按鈕來啟動 **VoluMill** 設定的對話框。

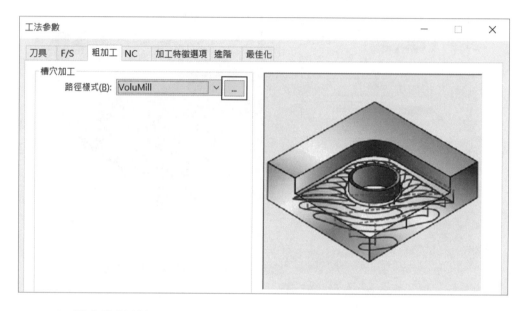

VoluMill 設定的對話框，主要控制 VoluMill 切削時所使用到的加工參數，它包含了以下參數：

◆ **進 / 退刀**

- **進刀模式**：此加工參數用於控制您的刀具，如何到達切削深度。當您使用 VoluMill 的時候，如果加工的外型為島嶼的外形，此時軟體會使用外部進刀的方式。但如果您加工的外型為一個槽穴，刀具無法從外部進刀時，則軟體會根據此選項使用螺旋、斜向，或者是預先鑽孔的方式來移動到加工深度的位置。

  - **螺旋式**：當您選擇進刀模式為螺旋式，於下刀的時候，刀具便會依照我們所設定半徑及角度，一層一層向下銑削。建議您在遇到較堅硬的材質時，可使用此方式。

  - **斜向下刀**：當您選擇進刀模式為斜向下刀時，軟體會自動尋找最適當的位置及形狀，作為斜向下刀的位置，並且一邊環繞一邊斜向下刀。建議您在遇到軟質的零件時，可使用此方式。

■ 預鑽孔：當您選擇進刀模式為預鑽孔，則在粗銑的加工計劃之前，軟體會自動加入一鑽孔的加工計劃，且鑽頭的大小會與粗銑刀具吻合。

  如果您選擇進刀模式為預鑽孔，您可以進一步在加工特徵選項，選擇對應的加工策略為鑽削進刀或進刀孔。

- **斜切下刀角度**：此參數以角度為單位決定刀具的下降率，特別是當您採用螺旋的下刀方式，刀具的下降率主要是根據角度而非間距。當您從素材的頂端進入材料，試圖加工一個槽穴的時候，VoluMill 會將其視為一個不可超出的值。這意味著下刀的角度並非都是固定不變，軟體會自動計算基於形狀的坡道位置、長度及方向。而進刀的速率，則是由槽進給率控制。

- **進刀長度**：此參數主要控制，當下刀的時候，進刀的長度。當您設定進刀模式為預鑽孔時，此選項將會被禁用。

- **地板間隙**：當我們使用 VoluMill 進行切削的時候，因為刀具路徑是以類似圓弧或螺旋的方式移動，因此並非所有刀具路徑都是真正在執行切削。有時候只是繞行完一圈之後，回到進刀位置。在這個過程中，您可以給予一個大於或等於 0 的數值，決定刀具是否需要提刀，避免刀具重複經過已經切削過的部位，因而留下痕跡，同時也縮短加工時間，在提刀的過程，其移動速度，會比切削速度還要更快。

- **完整進刀螺旋**：勾選完整進刀螺旋以生成更高效的刀具路徑，並進一步縮短加工時間。請注意，VoluMill 過渡移動將在必要時保留。您可以比較下圖，右圖為勾選了完整進刀圓弧，因此在下刀之後，軟體會先採用螺旋的方式開槽，直到螺旋無法再向外擴展，才會轉換為側銑的方式將剩餘材料切除。

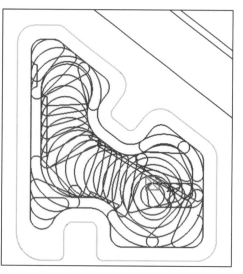 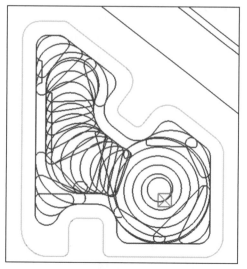

未勾選完整進刀圓弧   勾選完整進刀圓弧

提示 如果您想要了解更多關於 VoluMill 的參數差異,您可以於粗銑的參數設定,點
選說明,以取得更多資訊。

STEP 7 **建立 2.5 軸特徵**

請將畫面切換至 SOLIDWORKS CAM
加工特徵管理員。

在銑削工件加工面 1 上按滑鼠右鍵,
並選擇 **2.5 軸特徵**。

特徵類型:選擇**轉角開放槽**。

接著我們選擇右邊的槽穴。

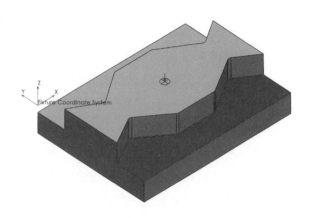

終止條件：指定此零件的頂面。

策略：Rough。

點選**確定**。

不規則開放槽特徵 2 建立完畢。

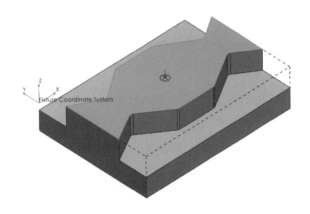

STEP 8　產生加工計劃

請將滑鼠移至不規則開放槽特徵 2 上按滑鼠右鍵，並選擇**產生加工計劃**。

軟體會為您加入一粗銑加工計劃，且使用 3/4 EM CRB 2FL 1-1/2 LOC 作為切削刀具。

STEP 9　修改刀具

請至粗銑 2 上按滑鼠右鍵，並選擇編輯定義。並於**刀塔**中選擇 1/2 EM CRB 4FL 1 LOC，作為粗銑 2 的使用刀具。

點選**是**替換刀具夾頭。

STEP 10　修改加工參數

請將畫面切換至**粗加工**的分頁。

路徑樣式：選擇 **VoluMill**。點選下拉式選單右方按鈕，進入 **VoluMill** 設定的對話框。

槽穴加工	
路徑樣式(B):	VoluMill

進刀模式：選擇**斜向下刀**，其餘參數不變。

點選**確定**，關閉對話框。

深度參數：在**第一刀切削量**中，您可以點選百分比符號，切換百分比為實際尺寸。

目前的設定為 0.25in。如果我們在 F/S 的分頁選擇使用 VoluMill Technology Expert 的切削條件，此欄位會自動調整為 200%。

深度參數

底部裕留量(R)：0in

% | 第一刀切削量(F)：0.25in

　　請將畫面切換至 **F/S** 的分頁，您可以看到，此時刀具的轉速進給是根據**資料庫**。這意味著加工的參數是根據加工技術資料庫，對於目前材質的定義，當您更換了材質或更換了刀具大小，軟體將會自動調整轉速及進給。

　　我們將定義轉速進給的方法，透過下拉式選單，從資料庫切換成加工法。切換成加工法，我們就可以自行輸入我們期望的轉速及進給，或者使用 VoluMill Technology Expert，以取得轉速及進給的參數。

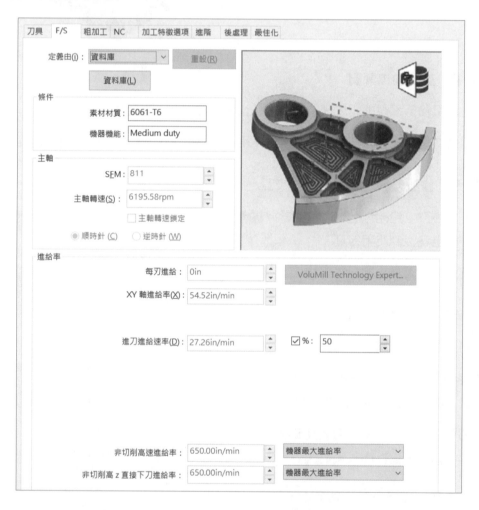

2.2.2　VoluMill Technology Expert

當您於 F/S 的分頁，點選 VoluMill Technology Expert 的選項時，其對話框將會自動跳出。您可以透過下拉式選單，選擇不同的材質、刀具條件、夾持條件…，VoluMill Technology Expert 會給您建議的加工條件。當您使用 VoluMill 進行粗加工時，建議您使用 VoluMill Technology Expert，因為 VoluMill 所採用的加工條件，與傳統的加工方式有很大的差別。

根據您選擇的結果，軟體會給予您建議的加工參數。您可以拖曳下方的滑桿，將它從左側拖曳至右側，當您的滑桿位於最左側的時候，代表使用較為保守的加工參數，當您將滑桿拖曳至右側時，代表使用較為激進的加工參數。您可以根據您設備自身的切削能力，選擇保守或激進的加工條件。點選**確定**之後，轉速及進給將會自動寫入對應的欄位中。

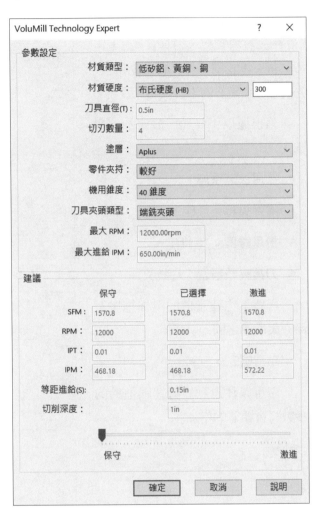

STEP **11** 設定加工參數

點選 VoluMill Technology Expert，材料類型、刀具直徑、切刃數量…等相關條件，會自動帶入先前已經設定好的素材及刀具資料。

請根據以下條件，設定加工參數：

- **塗層**：無塗層。

- **零件夾持**：最佳。

- **機用錐度**：40 錐度。

- **刀具夾頭類型**：端銑夾頭。

再將下方建議值的滑桿拖曳至保守與激進之間。

點選**確定**。

您可以注意到，轉速跟進給的參數將會顯著的增加。

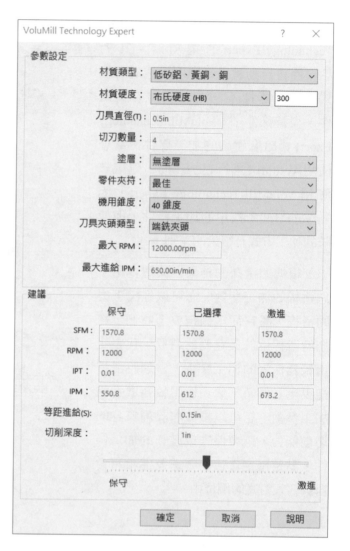

請將畫面切換至**粗加工**的分頁。

您可以注意到，**深度參數**：在**第一刀切削量**中，目前的切削量將會變更為 1in，相當於刀具直徑的 2 倍。

點選**確定**。

 技巧

當使用馬力較低的機器（例如：Tormach 770）時，建議側邊進給的步距降低為 10% - 12%。

STEP **12** 建立刀具路徑

請至粗銑 2 上按滑鼠右鍵，並選擇**產生刀具路徑**。

粗加工刀具路徑如下圖所示。

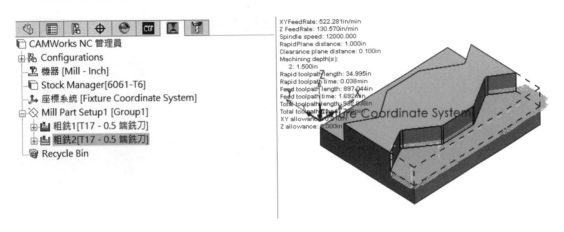

您可以注意到，由於切削深度增加，因此分層的數量可以大幅減少。

STEP **13** 確認最終結果

請至粗銑 2 上按滑鼠右鍵，並選擇編輯定義。再將畫面切換至**最佳化**的分頁，來檢視刀具路徑長度及預估加工時間。

我們比較使用 VoluMill 與傳統粗銑的工時差異，發現從原先的 25.715 分鐘，下降至 1.73 分鐘，加工時間明顯大幅縮短。

同時您也可以比較一下兩者的加工路徑，VoluMill 使用了圓弧路徑來清除角落材料，能有效地減少機械的磨損，並減少機械加減速的變化。

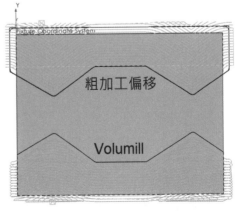

STEP **14** 儲存並關閉檔案

技巧

如果您想了解更多 VoluMill 的相關資訊,您可以參考官方網站 http://www.VoluMill.com。

練習 2-1 建立 VoluMill 刀具路徑

藉此範例，以比較傳統粗加工刀具路徑，與 VoluMill 在粗銑上的差異。

操作步驟

STEP 1 開啟檔案

請至範例資料夾 Lesson 02\Exercises，並開啟檔案「EX_OpenPocket.sldprt」。

在此範例中，機器、素材及座標系統皆已設定好了。

STEP 2 建立銑削工件加工面

點選此零件頂面，作為銑削加工面的參考方向。

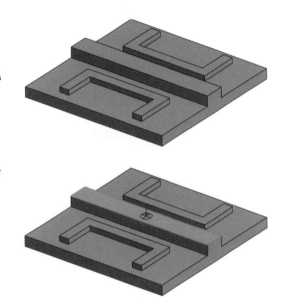

STEP 3 建立開放槽特徵

根據下圖，建立開放槽特徵。

- 策略：選擇 **Rough-Finish**。

```
└─◇ 銑削工件加工面1
    └─🔲 矩形轉角開放槽1 [Rough-Finish]
   🗑 Recycle Bin
```

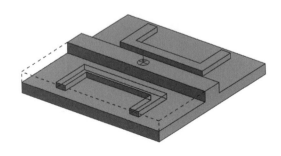

STEP 4 產生加工計劃及刀具路徑

產生加工計劃及刀具路徑。

STEP 5 檢視粗銑加工計劃

請至粗銑 1 上按滑鼠右鍵，並選擇編輯定義。再將畫面切換至**粗加工**的分頁。

您可以看到，目前的**路徑樣式**使用的是**粗加工偏移**。

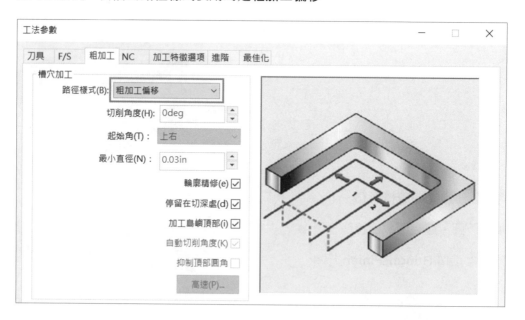

請將畫面切換至**最佳化**的分頁。

檢視**預估加工時間**為 87.092 分鐘。

刀具路徑分析

	區段	長度%		最小	最大
線：	325	84.075181113:	X：	-0.94in	15.94in
圓弧：	131	15.9248188866(	Y：	-15.94in	-8.89in
總計：	456	100	Z：	-1in	1in

預估加工時間

	刀具路徑長度	時間（分）
進給	1278.78in	86.907
快速	129.77in	0.134
無切削		0.05
總計：	1408.55in	87.092

TechDB

技術資料庫 ID： 635

加工參數： 儲存為預設值... 載入預設值...

STEP 6 建立開放槽特徵

重複上述動作，針對另一側建立開放槽特徵。

- **策略**：選擇 **Rough-Finish**。

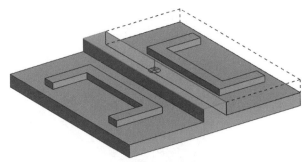

STEP 7 建立並修改加工參數

請至矩形轉角開放槽 2 上按滑鼠右鍵，並選擇**產生加工計劃**。

接著在粗銑 2 上按滑鼠右鍵，並選擇編輯定義。並將畫面切換至**粗加工**的分頁。

路徑樣式設定為 **VoluMill**。

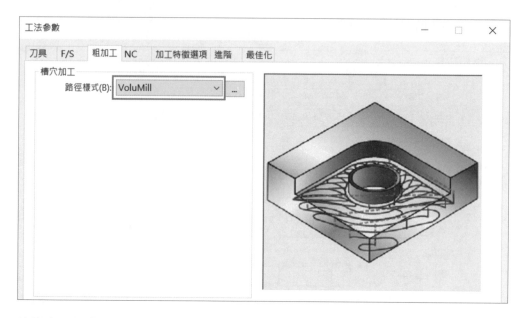

請將畫面切換至 **F/S** 的分頁。

切換轉速進給的**定義由**資料庫改為**加工法**。

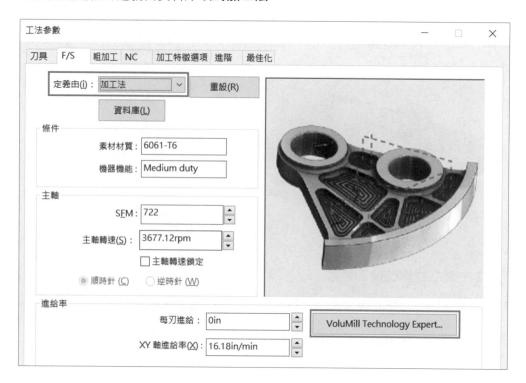

點選 **VoluMill Technology Expert**。

請參考以下說明設定加工參數：

- **塗層**：無塗層。

- **零件夾持**：最佳。

- **切削深度**：將下方建議值的滑桿拖曳至保守與激進之間。

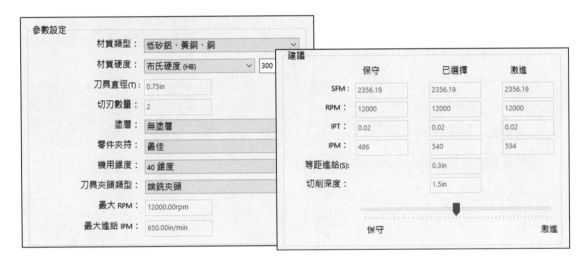

點選**確定**，以儲存 VoluMill 設定。

點選**確定**。

STEP **8**　產生刀具路徑

請至粗銑 2 及輪廓銑削 2 上按滑鼠右鍵，並選擇**產生刀具路徑**。

STEP **9**　檢查結果

請至粗銑 2 上按滑鼠右鍵，並選擇編輯定義。再將畫面切換至**最佳化**的分頁。

檢視**預估加工時間**，您可以看到加工時間縮短為 2.59 分。

刀具路徑分析

	區段	長度%		最小	最大
線：	560	70.4224648856	X：	-0.83in	15.74in
圓弧：	1042	29.5775351143	Y：	-6.12in	0.96in
總計：	1602	100	Z：	-1in	1in

預估加工時間

	刀具路徑長度	時間（分）
進給	1280.55in	2.443
快速：	85.48in	0.089
無切削		0.058
總計：	1366.02in	2.59

TechDB

技術資料庫 ID：	635
加工參數：	儲存為預設值...
	載入預設值...

點選**確定**，關閉視窗。

比較傳統刀具路徑及 VoluMill 的差異性。

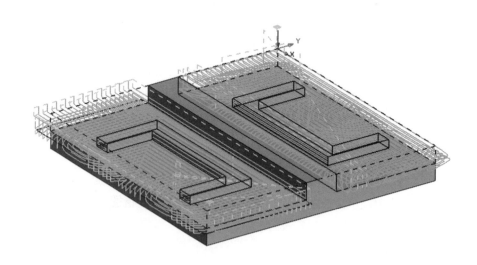

STEP **10** 儲存並關閉檔案

03

組合件加工

 順利完成本章課程後,您將學會:

- 使用組合件加工的優點

- 為組合件中的零件執行加工設置

- 在組合件的環境下定義素材

- 指定要加工的零組件,並排列其加工排序

- 設定夾治具座標系統

- 在組合件中產生並模擬刀具路徑

- 副程式輸出

- 刀具路徑輸出優化

3.1 組合件加工模式

SOLIDWORKS CAM 組合件模式允許您執行以下動作：

- 在組合件模式下組裝、排序零組件。其中包含零件本身、素材及夾治具，以完整模擬實際環境。

- 在組合件的環境下，您可以一次加工一個零件、多個零件或多種零件。

- 當您輸出 NC 碼時，您可以完整輸出 NC 碼，或者善用副程式，縮短程式內容。

- SOLIDWORKS CAM 的資料將會伴隨組合件檔案一同儲存，對於圖面及程式的管理能更有幫助，避免現場單位執行錯誤的程式。

- 您可以在選項中勾選是否顯示夾治具，以便模擬的時候可檢查是否會發生碰撞。

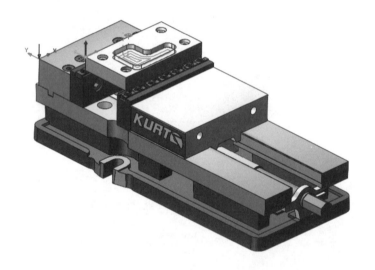

◆ 操作流程

如果您想使用組合件模式產生 NC 碼，請依循以下操作步驟：

1. 首先您可以在 SOLIDWORKS 中繪製夾治具，並且利用 SOLIDWORKS 組合件模式將其組裝。

2. 請將畫面切換至 SOLIDWORKS CAM 加工特徵管理員。

3. 定義機器及夾治具座標系統作為程式原點。如果您想以副程式的方式輸出，則必須指定零件的參考點。

4. 選擇您要加工的零件。在組合件的模式下，有區分夾治具跟加工件兩種類型。

5.   定義素材（單獨或共同）。

6.   透過交互式的方式，提取可加工特徵。

7.   產生加工計劃，並調整加工參數。

8.   定義程式原點。您可以指定所有加工件使用同一程式原點，或所有加工件各有各的原點。

9.   定義夾治具，確認是否有發生碰撞之疑慮。

10. 產生刀具路徑。

11. 輸出 NC 碼。

⬢ SOLIDWORKS CAM 加工特徵管理員

SOLIDWORKS CAM 加工特徵管理員在組合件的模式下，與在零件的環境下相似，但是有些許的不同。

SOLIDWORKS CAM 加工特徵管理員提供了模型加工的訊息。您可以看到，在一開始的時候 SOLIDWORKS CAM 加工特徵管理員的特徵樹依序僅包含了 NC 管理員、模型組態、機器、工件管理員（Part Manager）、座標系統及 Recycle Bin。其中 Part Manager 是組合件特有的選項，因為在組合件的環境之中除了加工的零件之外，也會包含夾治具等非加工件的零件。

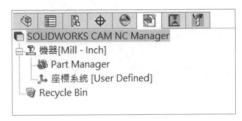

您可以依循上述步驟，逐一加入加工特徵到產生加工計劃、參數調整，一直到 NC 碼生成。

3.2　範例練習：使用虎鉗進行組合件加工

在此範例中，我們將使用 SOLIDWORKS 組合件功能，針對這個被虎鉗夾持的零件，建立一個 2.5 軸銑削特徵及加工計劃。

STEP 1　開啟檔案

請至範例資料夾 Lesson 03\Case Study，並開啟檔案「CS_Kurt_Vise_DX6_TRNG.SLDASM」。在此組合件中，包含了一個 Kurt 的虎鉗及一個要加工的零件。

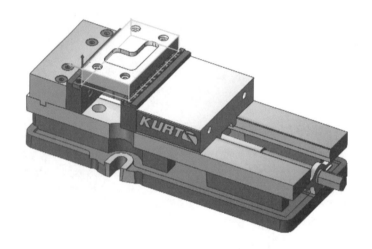

STEP 2　定義機器

請將畫面切換至 SOLIDWORKS CAM 加工特徵管理員，在機器上按滑鼠右鍵，並選擇編輯定義。再到**機器**的分頁，選擇**銑床**下的 Mill-Inch，作為使用的機器。

STEP 3　選擇刀塔

請將畫面切換至**刀塔**的分頁，選擇 Tool Crib 2(Inch)，作為**啟用的刀塔**。

STEP 4　選擇後處理程序

請將畫面切換至**後處理程序**的分頁，選擇 Mill\HAAS_VF3，作為**啟用的後處理程序**。

3.2.1　工件管理員（Part Manager）

　　組合件加工與零件加工最大的不同就在於，組合件加工除了要加工的零件本身之外，同時也包含了夾治具、壓板、螺絲螺帽等扣件…。因此我們必須在 Part Manager 中挑選出我們要加工的零件。

> **提示**　在此範例中，我們將會到選項當中，將其他非加工件的零件定義為夾治具，並且設定為避讓，以便在生成刀具路徑的時候能避免銑削到這些零件。

　　要加工的零組件，必須將其加入至 Part Manager 當中，如果您需要製作一模多穴的刀具路徑，那麼您就必須要至 Part Manager，將您要加工的零件依序加入至其中。

　　如果您所選擇的零件是相同的零件，那麼在 Part Manager 當中將會被分類成一類。當您在設定加工特徵及刀具路徑的時候，您只需要設定種子零件，那麼其他零件的刀具路徑也將會自動生成，無須重複設定。

STEP 5　選擇要加工的零件

　　請將畫面切換至 SOLIDWORKS CAM 加工特徵管理員，在 **Part Manager** 上按滑鼠右鍵，並選擇編輯定義。再選擇零件 CS_Kurt_Vise_MillPart，作為要加工的零件。

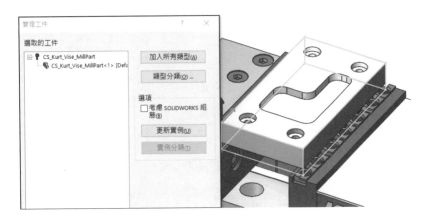

點選**確定**。

3.2.2　素材管理員

在組合件的環境之下，只要您在 Part Manager 選擇要加工的零件時，您就可以針對此零件指定其素材類型。而軟體的預設素材類型為外觀邊界，且偏移量為 0。

請至素材管理員上按滑鼠右鍵，並選擇編輯定義，此時素材管理員的對話框將會自動開啟。在素材管理員的對話框中，您可以：

- 編輯現有素材。

- 刪除現有素材。

- 針對每個零件建立各自的素材，或者針對所有零件建立共用的素材。

  而對話框中的**素材數量**，包含了以下兩個欄位：

- **工件**：在此羅列了所有被選擇且需要加工的零件。如果此零件沒有指定素材的類型，那麼在圖示的左方，將會亮顯紅色的驚嘆號，提醒您需要為此零件指定正確的素材。如果您已經為此零件指定了正確的素材類型，那麼在您點選工件的時候，下方的素材框將會亮顯您所選擇的素材，並且在右側的文字也會同時敘述素材的類型。

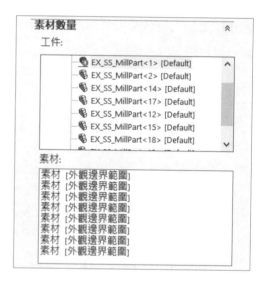

- **素材**：在此會顯示您所定義的素材，當您在工件的欄位選擇了工件，於此欄位將會亮顯對應的素材。並且在 SOLIDWORKS 的操作畫面，同時也會亮顯被指定的零件。

  在**建立素材**的欄位，您可以選擇以下三種方式：

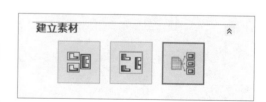

- **個別**：每個零件可以各自指定使用的素材。

- **一般**：使用一個大的素材，將所有素材囊括在裡面。

- **套用目前素材定義至所有素材**：針對您目前所選擇的工件及它所對應的素材方式，複製給所有的工件。

STEP 6 定義素材

請將畫面切換至 SOLIDWORKS CAM 加工特徵管理員，在**素材管理員**上按滑鼠右鍵，並選擇編輯定義。

素材類型：選擇**伸長草圖**。

並且從 FeatureManager 中找到 STOCK 的資料夾，選擇草圖 STOCK XY 作為素材的參考外型。

- ▸ 𝄞 Mates
- ▾ 📁 STOCK
  - ⌐ STOCK XY
  - 🄳 STOCK MAX Z
  - 📕 PLANE AT ST...
  - ⌐ (-) TEXT SKE...
- ⤦ SWCAM 0,0,0

素材的終止條件，您可以選擇**參考平面**的類型，並一樣在資料夾當中找到基準面 PLANE AT STOCK MAX Z，作為素材高度的參考平面。

STEP 7 定義座標系統

請至座標系統上按滑鼠右鍵，並選擇編輯定義。

方法：選擇 **SOLIDWORKS 座標系統**。

可用座標系統：選擇 SWCAM 0,0,0。

點選**確定**。

STEP 8 設定 SOLIDWORK CAM 選項

點選 **SOLIDWORK CAM 選項**，於**一般**的分頁，勾選**訊息視窗**。

在**銑削特徵**分頁的**自動辨識可加工特徵**中，勾選以下特徵：

- 孔

- 無孔

- 錐度與圓角

孔辨識選項：設定**最大直徑**為 1in。

點選**確定**。

● 加工特徵

您可以使用自動特徵辨識的方式，或者是交互式的方式來將加工特徵加入至 SOLIDWORKS CAM 加工特徵管理員。除此之外，如果您在零件的環境下，已經將零件的加工計劃安排好了，您也可以使用匯入的方式，將加工計劃匯入。

如果您有多個相同的零件在組合件的環境中，並且在 Part Manager 當中將其加入作為欲加工的零件。那麼您只需要設定其中一個種子零件，則軟體會自動複製其加工特徵至其他的零件。但如果您只想針對單一零件產生單一的加工計劃，則您可以在 SOLIDWORKS CAM 加工特徵管理員中，在你不想要關聯的特徵上按滑鼠右鍵，並選擇組合特徵，那麼它將不會複製加工特徵給其他相同的零組件。

STEP 9 建立加工特徵

請至 CommandManager 點選**提取加工特徵**。

STEP 10 產生加工計劃

請至 CommandManager 點選**產生加工計劃**。

針對剛剛所建立的特徵，軟體會自動配置適當的加工方式。

```
加工面1 [群組1]
  粗銑1[T03 - 0.5 端銑刀]
  粗銑2[T01 - 0.25 端銑刀]
  輪廓銑削1[T03 - 0.5 端銑刀]
  鑽中心孔1[T17 - 3/8 x 90DEG 鑽中心孔]
  鑽頭(孔)1[T18 - 0.266x135° 鑽頭(孔)]
  輪廓銑削2[T02 - 0.375 端銑刀]
  輪廓銑削3[T19 - 1/8 X 90 錐孔刀]
  錐孔刀1[T20 - 1/2 X 90 錐孔刀]
  Recycle Bin
```

STEP 11 產生刀具路徑

請至 CommandManager 點選**產生刀具路徑**。

您可以注意到，除了粗銑 2，其餘的加工計劃都能生成刀具路徑。這是因為所有殘料在粗銑 1 已經清除乾淨，因此不需要粗銑 2 來進行第二次的中胚加工。您可以手動將粗銑 2 刪除。

```
加工面1 [群組1]
  粗銑1[T03 - 0.5 端銑刀]
  粗銑2[T01 - 0.25 端銑刀]
  輪廓銑削1[T03 - 0.5 端銑刀]
  鑽中心孔1[T17 - 3/8 x 90DEG 鑽中心孔]
  鑽頭(孔)1[T18 - 0.266x135° 鑽頭(孔)]
  輪廓銑削2[T02 - 0.375 端銑刀]
  輪廓銑削3[T19 - 1/8 X 90 錐孔刀]
  錐孔刀1[T20 - 1/2 X 90 錐孔刀]
  Recycle Bin
```

3.2.3 加工面參數

加工面參數主要用於控制原點的位置、方向及座標系統代號。您可以在 SOLIDWORK CAM 加工計劃管理員中，在銑削工件加工面上按滑鼠右鍵，並選擇編輯定義，或快按滑鼠左鍵兩下，即可開啟對話框。

◉ **原點**

您可以透過原點的選項來決定當您輸出程式的時候，是統一由一個座標系統（通常會是以夾治具上的點），還是每個零件可以設定指定各自的原點，例如：G54、G55、G56…。此選項會影響程式座標點的相對應位置，如果您使用單節模擬或者實體切削模擬，會看到座標點的不同。但實際上輸出程式的時候，還是得以後處理為主，因為在後處理的選項當中您可以進一步選擇是否使用副程式。

- **輸出原點**：輸出原點的選項主要提供您選擇輸出程式的時候，使用單一或多重原點。當您選擇並關閉對話框之後，軟體會記住您目前的選項，並將其作為下一個組合件的預設值。

- 設置原點：當您選擇設置原點，代表您只有單一原點。在一模多穴的情況之下，所有的加工位置都是根據唯一的一個原點來計算其相對位置。其自由度較低，但便利性較高，校模的時候僅需要校正一個位置即可，適合精度要求較低的零件。

- 加工面原點：當您選擇加工面原點，代表您可以針對盤面上所有的加工件，各自有各自的原點。例如第一個加工件為 G54、第二個加工件為 G55⋯以此類推。其自由度較高，但校模的時候需要每一模穴逐一校正，適合精度要求較高的零件。

- **設置原點**

  - 選擇物件：當您點選畫面中的任何一個圖元，則設置原點的類型將會自動切換為選擇物件。您可以點選畫面中的點，或者圓弧，作為座標系統的原點。

  - 草圖：您可以指定草圖，作為座標系統的原點。但請注意，此草圖只能是具有一個圓形或圓弧圖元的草圖，如果一張草圖內包含多個圓形或圓弧，將會被忽略。

  - 夾治具座標系統：根據機器選項當中的座標系統，作為程式的原點。

  - 絕對：您可以在座標的欄位當中，填入原點的位置，此位置是根據 SOLIDWORKS 組合件原始的座標系統，並偏移得到的結果。

  - 偏移：當您選擇設置原點的類型為選擇物件或者是草圖的情況下，軟體允許您透過偏移，將您的座標系統進行微調。而座標系統偏移的方向，會與 SOLIDWORKS CAM 的原點相同。例如您想要將程式原點往上或往下偏移，您可以調整 Z 值的方向。

- **偏移**

  在一模多穴的情況下，如果您選擇使用加工面原點來指定每個零件的原點，那麼您就不得不認識偏移距離的選項了。偏移距離的選項，主要控制座標系統的命名，例如：G54、G55、G54.1 P1⋯，確保加工的位置及順序能符合您的需求。

  而偏移距離的設定，主要有兩個步驟：

1. 先決定工件的順序。

2. 命名原則，起始值及增量值。

- **依⋯排序**：此選項提供了兩種排序的方式，以便您正確地為您的工件指定座標系統代號。請注意，在此處的排序，僅只影響座標系統代碼的命名順序，並非加工的順序。加工的順序主要是根據 Part Manager 的排序決定的。

- 工件順序：如果您選擇工件順序，則座標系統代碼的命名，會根據 Part Manager 當中零件的排序。

- 格點樣式：如果您選擇格點樣式，那麼座標系統代碼的命名，會根據您所制訂的規則來分配，其效果會較為直觀。例如您可以定義座標系統的代碼命名，依序從左下角開始，由水平的方向採用往覆式的方式，那麼座標系統的命名，就會如您上述所規範的條件命名。

- **加工座標偏移**：此選項主要用於指定座標系統代碼的值，而指定的方法分為四種：無、夾治具、加工座標、加工和次座標，以下將比較這四種方式的差異性。請注意，雖說座標系統代碼的定義主要是根據此四種方式，但所使用的後處理也必須支援。

  - 無：當您指定加工座標偏移為無，其預設值為 G54。因此如果您選擇輸出原點為加工面原點的情況下不建議使用。

  - 夾治具：您可以在後處理內設定夾治具的代號，當輸出 NC 碼時，會輸出夾治具的代號，例如 FC1、FC2…。

  - 加工座標：當您指定加工座標偏移為加工座標，其輸出值為 G54、G55、G56…。是最通俗的使用方式，如果您選擇加工面原點，那麼會建議您使用此類型的方式。

  - 加工和次座標：因國際標準的座標系統預設代碼為 G54~G59，因此當您擺放的工件超過 6 穴的情況下，您可以採用加工和次座標的方式，其座標系統代碼可以擴充為 G54.1 P1~P99。

- **起始值**：當您選擇加工座標偏移的方法為夾治具、加工座標或加工和次座標。那麼您還必須要點選下方指定的按鈕，才能將座標系統的代碼填入下方欄位。因此，您必須指定起始值及增量值。通常來說加工座標的起始值為 54。

- **增量值**：除了起始值之外，您還必須指定增量值，作為後續第二顆、第三顆…加工工件代碼的命名。例如當我們指定起始值為 54，增量值為 1，那麼第一顆加工工件，其座標系統的代碼就是 G54，第二顆加工工件，其座標系統的代碼就是 G55，第三顆 G56…以此類推。運用在加工和次座標，第一顆加工工件 G54.1 P1，第二顆 G54.1 P2，第三顆 G54.1 P3…以此類推。

- **指定**：當您點選指定按鈕，您所設定的起始及增量值，將會被寫入對應零件欄位。

- 變更偏移量 / 子刀位

  - 變更：在少數的情況之下，您必須要手動調整工件的座標代碼，因此您可以點選變更按鈕，以重新指定新的代碼。操作時，您必須於上方的欄位，選擇您想變更的零件。此時偏移及次項目的欄位將會顯示目前對應的數值。您可以直接在此欄位手動修改成您需要的數值。修改完畢後，點選變更按鈕，則座標系統的代碼，將會置換成新的座標系統代碼。

◈ 夾治具

您可以在夾治具的分頁下，指定 SOLIDWORKS 零件檔案或者是次組合件檔案，作為夾治具。作為夾治具的零件，除了在執行模擬刀具路徑的時候，您可以顯示夾治具的外型，同時設定夾治具的好處是軟體可以將其視為防護區域，避免刀具切削夾治具而發生撞機的危險。您可以直接點選 SOLIDWORKS 的操作畫面，或者是 FeatureManager 來將其加入至夾治具的對話框。

STEP▶ 12 定義座標系統偏移

請至加工面 1 上按滑鼠右鍵，並選擇編輯定義。

請將畫面切換至**原點**的分頁。

輸出原點：選擇**設置原點**。

設置原點：選擇**夾治具座標系統**。

再將畫面切換至**偏移距離**的分頁。

加工座標偏移：選擇**加工座標**。

設定**起始值**：54，且**增量**：1。

點選**指定**鈕。

您可以看到，當點選指定之後，零件的座標系統代碼將會以 G54 輸出。

| 原點 | 軸向 | 偏移距離 | 索引軸 | 進階 | 統計值 | NC 平面 | 夾治具 |

依...排序

○ 工件順序　　　　　　　　　　　　　　　起始角：　左上 ∨

◉ 格點樣式　　　　　　　　　　　　　　　方向：　　水平 ∨

　　　　　　　　　　　　　　　　　　　　樣式：　　單向式 ∨

加工座標偏移

○ 無 (N)　　　　　　　　　　　起始值：　　　　　　增量：

○ 夾治具(F)　　　　　　　　　　1　　　　　　　　　0

◉ 加工座標(W)　　　　　　　　　54　　　　　　　　1

○ 加工和次座標(S)　　　　　　　1　　　　　　　　　0

　指定(A)

#	零件名稱	加工面	偏...	副	X	Y	Z
1	CS_Kurt_Vise_MillPart<1>	銑削工件加工面5	54	0	2.75	-1.5	-0

點選**確定**。

STEP 13 模擬刀具路徑

點選**模擬刀具路徑**。

您可以注意到，即便我們在組合件設定了 CAM 的加工計劃，模擬的時候仍只有單一零件，不會顯示夾治具。點選**確定**關閉模擬。

STEP 14 指定夾治具

請至銑削工件加工面 1 上按滑鼠右鍵，並選擇編輯定義。

請將畫面切換至**夾治具**的分頁，您可以使用窗選的方式，將其他的零件都加入至夾治具。

如此一來，被指定為夾治具的零組件，將會出現在模擬刀具路徑中。

STEP▶ 15 模擬刀具路徑

點選**模擬刀具路徑**。

您可以注意到，夾治具的部分將會顯示在畫面當中。您可以勾選防護的選項，當刀具路徑接觸到夾治具的時候，軟體會自動調整刀具路徑，避免發生碰撞的危險。

STEP▶ 16 儲存並關閉檔案

● **副程式**

當我們加工一模多穴的時候，往往相同的刀具路徑會重複很多遍，而導致程式碼變長，容量變大，因此您可以在輸出的時候，選擇使用副程式的方式來縮短程式碼。

🌀 **注意** 如果您想要使用副程式輸出 NC 碼，那麼首先您必須確保您的後處理程式有支援副程式的輸出。如果後處理程式不支援，可能會導致動作順序不正確，或者輸出的結果仍舊是較長的格式。

您可以在副程式的下拉式選單中,選擇以下三種模式:

- **無**:當您選擇無的時候,NC 碼不使用副程式輸出,輸出的結果仍為較長的格式。

- **所有操作**:當您選擇所有操作的時候,所有的加工計劃將會使用副程式輸出。(包含複製排列特徵)

- **如操作中定義**:當您選擇如操作中定義,您可以於下拉式選單旁邊的按鈕,額外開啟對話框,並指定哪些程式需要使用副程式輸出,哪些程式仍舊使用較長格式輸出。

當您在機器的選項中,選擇了副程式的輸出類型,那麼此設定將會被儲存在軟體之中,做為下一次輸出的預設值。

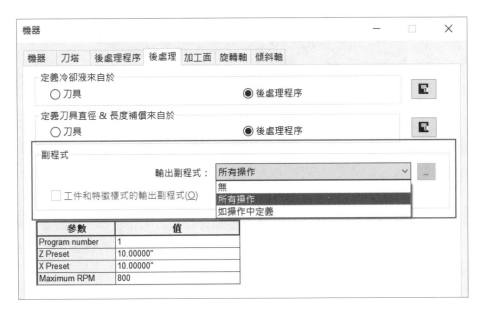

 **指令TIPS** 副程式

- 機器對話框:**後處理**的分頁。

3.3 範例練習：使用副程式輸出 NC 碼

在此範例中，我們將建立一個一模多穴的情境，並且練習使用副程式輸出 NC 碼。

STEP 1 開啟檔案

請至範例資料夾 Lesson 03\Case Study，並開啟檔案「CS_Kurt_Vise_TwoVise.SLDASM」。

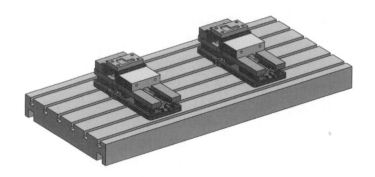

在此組合件中，包含了兩組夾治具，並且在夾治具上放置了要加工的零件及素材。

STEP 2 定義機器

請將畫面切換至 SOLIDWORKS CAM 加工特徵管理員，在機器上按滑鼠右鍵，並選擇編輯定義。再到**機器**的分頁，選擇**銑床**下的 Mill-Inch，作為使用的機器。

STEP 3 選擇刀塔

請將畫面切換至**刀塔**的分頁，選擇 Tool Crib 2(Inch)，作為**啟用的刀塔**。

STEP 4 選擇後處理程序

請將畫面切換至**後處理程序**的分頁，選擇 M3AXIS-TUTORIAL，作為**啟用的後處理程序**。

再將畫面切換至**後處理**的分頁，在**副程式**中的**輸出副程式**，選擇**所有操作**。

| 機器 | | | | | | | — | □ | × |

| 機器 | 刀塔 | 後處理程序 | 後處理 | 加工面 | 旋轉軸 | 傾斜軸 |

定義冷卻液來自於
　　○ 刀具　　　　　　　　　　　　● 後處理程序

定義刀具直徑 & 長度補償來自於
　　○ 刀具　　　　　　　　　　　　● 後處理程序

副程式

　　　　　　　　　輸出副程式：　所有操作

　　□ 工件和特徵樣式的輸出副程式(O)

參數	值
Program number	1
Part Thickness	1.00000"
5axis Arc Deviation	0.00100"

點選**確定**。

STEP **5**　選擇被加工的零件

請將畫面切換至 SOLIDWORKS CAM 加工特徵管理員，在 **Part Manager** 上按滑鼠右鍵，並選擇編輯定義。再選擇零件 CS_Kurt_Vise_MillPart，作為要加工的零件。

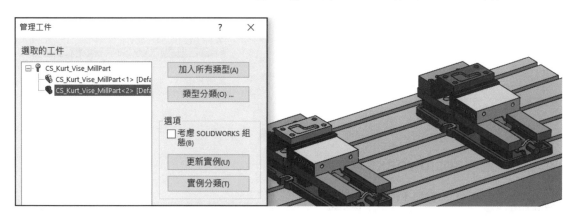

點選**確定**。

STEP **6**　定義素材

請至**素材管理員**上按滑鼠右鍵，並選擇編輯定義。

素材數量→工件：選擇 CS_Kurt_Vise_MillPart<1>。

素材類型：選擇 **SOLIDWORKS** 零件。

並且在 SOLIDWORKS 的操作畫面中，可以從 FeatureManager 挑選零件檔案 CS_Kurt_Vise_Stock<1>，作為此次我們所使用的素材。

重複上述動作，**素材數量→工件**：選擇 CS_Kurt_Vise_MillPart<2>。

素材類型：選擇 **SOLIDWORKS** 零件。

並且在 SOLIDWORKS 的操作畫面中，從 FeatureManager 挑選零件檔案 CS_Kurt_Vise_Stock<2>，作為第二顆零件所使用的素材。

點選**確定**。

STEP 7 定義座標系統

請至座標系統上按滑鼠右鍵，並選擇編輯定義。

方法：選擇 **SOLIDWORKS** 座標系統。

可用座標系統：選擇 FCS。

點選**確定**。

STEP 8 設定 SOLIDWORKS CAM 選項

點選 **SOLIDWORK CAM** 選項，於一般的分頁，勾選**訊息視窗**。

在**銑削特徵**分頁的**自動辨識可加工特徵**中，勾選以下特徵：

- 孔

- 無孔

- 錐度與圓角

  孔辨識選項：設定**最大直徑**為 1in。

  點選**確定**。

STEP 9 建立加工特徵

請至 CommandManager 點選**提取加工特徵**。

STEP 10 修改原點位置

請將畫面切換至 SOLIDWORKS CAM 加工特徵管理員，展開 **Part Manager** → **特徵管理員**，在銑削工件加工面 1 上按滑鼠右鍵，並選擇編輯定義。再切換至**原點**的分頁，點選**選擇物件**，並點選畫面中零件的左上角作為程式的原點。

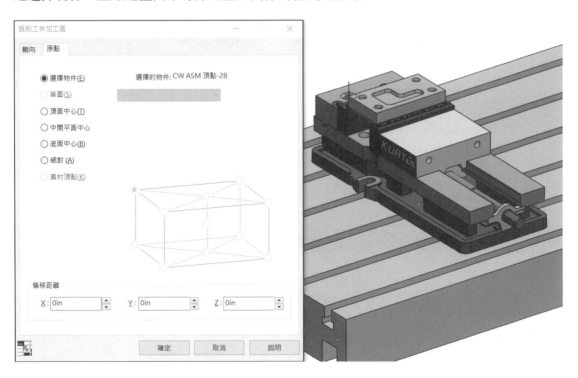

點選**確定**。

STEP **11** 產生加工計劃

請至 CommandManager 點選**產生加工計劃**。

加工計劃將會根據我們上述的設定自動生成。

STEP **12** 定義座標系統偏移

請至加工面 1 上按滑鼠右鍵，並選擇**編輯定義**。

請將畫面切換至**原點**的分頁。

輸出原點：選擇**加工面原點**。代表每個零件各自使用自己的座標系統。

再將畫面切換至**偏移距離**的分頁。

加工座標偏移：選擇**加工座標**。

設定**起始值**：54，且**增量**：1。

點選**指定**鈕，設定每個零件的座標系統代號。

#	零件名稱	加工面	偏...	副	X	Y	Z
1	CS_Kurt_Vise_MillPart<1>	銑削工件加工面1	54	0	12.25	16.49	5.48
2	CS_Kurt_Vise_MillPart<2>	銑削工件加工面1	55	0	34.22	16.49	5.48

> 提示　因為在原點的分頁，我們設定每個零件各自使用自己的座標系統，因此這個動作非常重要，確保第一個零件的座標系統代碼為 G54，第二個零件的座標系統代碼為 G55。

STEP 13 定義夾治具

請將畫面切換至**夾治具**的分頁，您可以使用窗選的方式，將其他的零件都加入至夾治具。

| 原點 | 軸向 | 偏移距離 | 索引軸 | 進階 | 統計值 | NC 平面 | 夾治具 | 後處理 |

夾治具(F)：

防護	工件名稱
☐	CS_MoriSeikiSV50_TABLE<1>
☐	CS_Kurt_Vise_DX6_2Vise-1/Copy of DX6-
☐	CS_Kurt_Vise_DX6_2Vise-1/Copy of DX6-
☐	CS_Kurt_Vise_DX6_2Vise-1/Copy of 6in_Ja
☐	CS_Kurt_Vise_DX6_2Vise-1/Copy of SHCS
☐	CS_Kurt_Vise_DX6_2Vise-1/Copy of TALO
☐	CS_Kurt_Vise_DX6_2Vise-1/Copy of TALO
☐	CS_Kurt_Vise_DX6_2Vise-1/Copy of TALO
☐	CS_Kurt_Vise_DX6_2Vise-1/Copy of Copy
☐	CS_Kurt_Vise_DX6_2Vise-1/Copy of Low H
☐	CS_Kurt_Vise_DX6_2Vise-1/Copy of TALO
☐	CS_Kurt_Vise_DX6_2Vise-1/Copy of TALO
☐	CS_Kurt_Vise_DX6_2Vise-1/Copy of 6in_Ja
☐	CS_Kurt_Vise_DX6_2Vise-1/Copy of Copy
☐	CS_Kurt_Vise_DX6_2Vise-1/Copy of Copy
☐	CS_Kurt_Vise_DX6_2Vise-1/Copy of SHCS
☐	CS_Kurt_Vise_DX6_2Vise-1/Copy of Copy
☐	CS_Kurt_Vise_DX6_2Vise-1/Copy of TALO
☐	CS_Kurt_Vise_DX6_2Vise-1/Copy of SHCS

加入所有類型(A)

全部防護(V)

沒有防護(N)

防護區域型態

◉ 簡易(S)

○ 精確(E)

點選**確定**。

STEP 14 產生刀具路徑

請至 CommandManager 點選**產生刀具路徑**。

您可以注意到，所有的加工計劃皆產生刀具路徑，唯獨粗銑 2 沒有產生刀具路徑，那是因為在粗銑 1 的時候，所有的殘料皆已去除，無須額外再增加一把粗銑來移除剩餘殘料。您可以手動將粗銑 2 刪除。

```
加工面1 [群組1]
  粗銑1[T03 - 0.5 端銑刀]
  粗銑2[T01 - 0.25 端銑刀]
  輪廓銑削1[T03 - 0.5 端銑刀]
  鑽中心孔1[T18 - 3/8 x 90DEG 鑽中心孔]
  鑽頭(孔)1[T19 - 0.27x135° 鑽頭(孔)]
  輪廓銑削2[T02 - 0.38 端銑刀]
  輪廓銑削3[T20 - 1/8 X 90 錐孔刀]
  錐孔刀1[T21 - 1/2 X 90 錐孔刀]
  Recycle Bin
```

STEP 15 模擬刀具路徑

請至 CommandManager 點選**模擬刀具路徑**。

確認模擬結果正確。

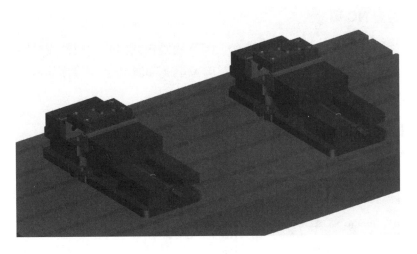

點選**確定**。

STEP **16** 輸出 NC 碼

請 至 CommandManager 點 選 **後 處 理**按鈕,並依照預設名稱及路徑,儲存輸出後的程式碼。

再將**選項**展開,並勾選**開啟 G 碼檔於** SOLIDWORKS CAM NC 編輯器。

點選**開始模擬**。

點選**確定**。

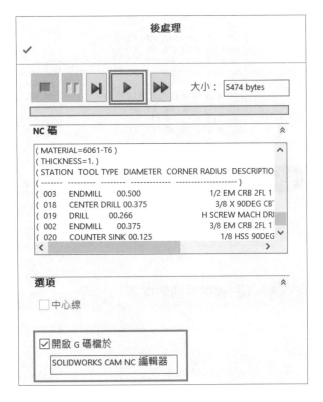

STEP 17 檢查 NC 碼

您可以看到，當您輸出 NC 碼的時候，因為我們在機器的選項預設是將所有加工計劃使用副程式輸出，因此您會看到程式碼將採用 M98 呼叫副程式，且所有的加工計劃都將轉為各自的副程式 O0002、O0003…。

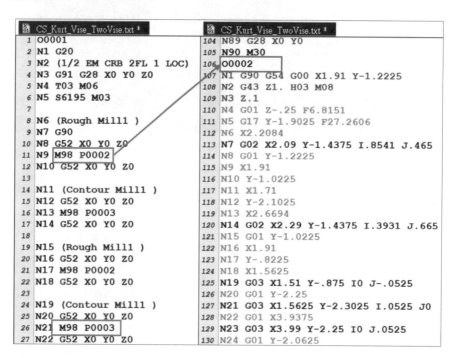

提示 如果您在機器的選項當中已經選擇了後處理使用副程式輸出，但實際上輸出的結果並沒有採用副程式，有可能是您所使用的教育訓練後處理並不支援此選項，您可以洽詢您的代理商取得正確的後處理範本。

STEP 18 儲存並關閉檔案

3.4 範例練習：一次加工多個零件

在此範例中，我們將建立一個一模多穴的情境，並且練習在如此大量複製排列的加工件中，要如何設定其刀具路徑。

STEP 1 開啟檔案

請至範例資料夾 Lesson 03\Case Study，並開啟檔案「CS_millasm_1.SLDASM」。

在此組合件中，包含了床台及夾治具，並且在夾治具上已放置了要加工的零件及素材。

STEP 2 定義機器

請將畫面切換至 SOLIDWORKS CAM 加工特徵管理員，在機器上按滑鼠右鍵，並選擇編輯定義。再到**機器**的分頁，選擇**銑床**下的 Mill-Inch，作為使用的機器。

STEP 3 選擇刀塔

請將畫面切換至**刀塔**的分頁，選擇 Tool Crib 2(Inch)，作為**啟用的刀塔**。

取消勾選**刀塔具有優先權**。點選**選擇**鈕。

☐ 刀具庫有子站

☐ 刀塔具有優先權

　　☐ 僅使用刀庫工具

可用的刀塔

Tool Crib 1 (Inch) Empty	選擇(S)
Tool Crib 2 (Inch)	
Tool Crib 3 (Inch) Assemblies	名稱：　Tool Crib 2 (Inch)
	位置號碼：　20

STEP **4** 選擇後處理程序

請將畫面切換至**後處理程序**的分頁，選擇 M3AXIS-TUTORIAL，作為**啟用的後處理程序**。

STEP **5** 設定夾治具座標系統

請將畫面切換至**加工面**的分頁，在**夾治具座標系統**中，點選**編輯**按鈕。

方法：選擇 **SOLIDWORKS** 座標系統。

可用座標系統：選擇 FCS。

點選確定，並關閉**機器**對話框。

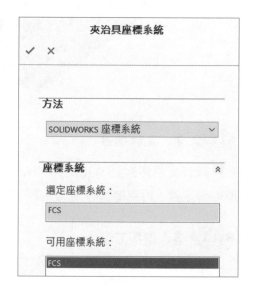

◆ 管理工件

管理工件主要控制您要加工的工件有哪些，因此您可以透過**加入所有類型**及**類型分類**，快速地加入要加工的零件，並排列其順序。

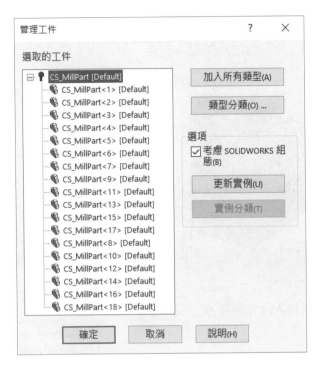

- **選取的工件**：此欄位會顯示您所選取的零件，您可以在 SOLIDWORKS 的操作介面或 FeatureManager 挑選您需要加工的零件或組合件。如果您選擇的是一個次組合件，則次組合件當中的所有零件將會被選擇於清單中。而選取的工件會根據零件的名稱分類，如果零件的名稱不相同，則它們就是不同的加工件。如果零件的名稱相同，那麼它將會歸屬在同一類，並且顯示其編號。

  - 加入所有類型：以此範例為例，因為我們一共要加工 18 個零件，如果逐一點選的話會花費不少時間。因此您可以先點選第一顆零件，再點選加入所有類型。此時軟體便會將所有相同檔案名稱的零件，全部加入至清單。

  - 類型分類：因為加入清單的順序，不見得會是最有效率的順序。因此您可以透過類型分類來重新排序清單的順序，讓路徑的移動最小化，達到最有效率的加工。

STEP 6 選擇要加工的零件

請將畫面切換至 SOLIDWORKS CAM 加工特徵管理員，在 **Part Manager** 上按滑鼠右鍵，並選擇編輯定義。再選擇零件 CS_MillPart，將其加入至清單。

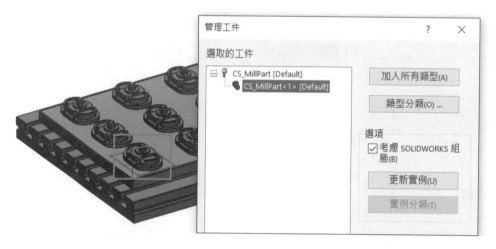

在**選取的工件**欄位中，點選 CS_MillPart，
將其亮顯，再點選**加入所有類型**。

點選**確定**。

您會看到，所有的 CS_MillPart 將會自動加
入至清單。

STEP 7 定義素材

請至**素材管理員**上按滑鼠右鍵，並選擇編輯定義。

素材數量：點選第一個零件。

素材類型：設定為**伸長草圖**。

在 FeatureManager 中，選擇草圖 STOCK。

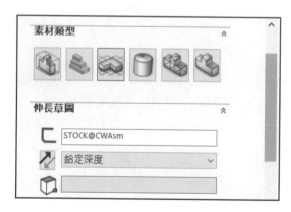

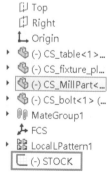

設定**給定深度** 1.5in，作為素材厚度。

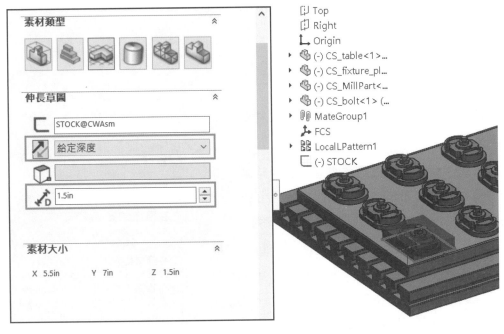

建立素材：選擇**套用目前素材定義至所有工件**。

點選**確定**。

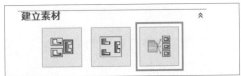

STEP 8 設定 **SOLIDWORK CAM** 選項

點選 **SOLIDWORK CAM** 選項，於**一般**的分頁，勾選**訊息視窗**。

在**銑削特徵**分頁的**自動辨識可加工特徵**中，勾選以下特徵：

- 孔
- 無孔
- 島嶼外形
- 工件外型
- 錐度與圓角

工件外型與選項：選擇**島嶼類型**。

確認**建立特徵群組**有被勾選。

點選**確定**。

STEP 9　建立加工特徵

請至 CommandManager 點選**提取加工特徵**，執行特徵辨識。

您可以注意到，當我們在建立特徵的時候，特徵是歸屬在 Part Manager 下的工件，而產生加工計劃的時候，則必須於下方的加工面按滑鼠右鍵。

您可以理解成，當我們於組合件加工時，有可能會一次擺放許多不同的零件。因此我們會先從這些零件挑選出要加工的特徵。但後續才會針對這些特徵產生加工計劃。所以操作的時候，一定要注意軟體的設計邏輯。

請將**特徵管理員**展開，您會看到從 CS_MillPart 所提取出來的加工方向一共有兩個（銑削工件加工面 1 及銑削工件加工面 2）。但是在下方加工面僅顯示了銑削工件加工面 1 的加工特徵，那是因為我們在座標系統中定義了 Z 軸方向與加工面 1 相同，因此加工面 1 可以加工。

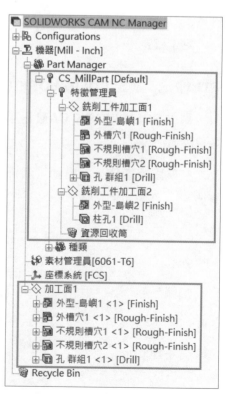

◈ **類型分類**

當您手動將零件加入至 Part Manager，或者使用加入所有類型，自動地將零件加入至 Part Manager，它排列的順序不見得會是最效率的順序，因此您可以透過類型分類，重新排序您的加工順序，提升工作效率。所以接下來讓我們來看看它所內含的三種方式，有什麼差異。

- **工件管理員類型**：當您選擇工件管理員類型，代表您加工的順序，是根據 Part Manager 中，零件樹狀結構的順序。您可以在管理工件的對話框中，透過拖曳及放置來修改其加工順序，亦或者您可以在 SOLIDWORKS CAM 加工特徵管理員下種類的樹狀結構，拖曳放置並修改加工順序。

- **特徵類型（保持已存在順序）**：如果您在 SOLIDWORKS CAM 加工特徵管理員下，展開每一個加工特徵的樹狀結構，您會看到此特徵對應的工件有哪些。而樹狀結構下的工件順序，即為加工的順序。當您選擇特徵類型的情況下，您可以將特徵的樹狀結構展開，並透過手動拖曳放置的方式，調整每一個特徵下工件的加工順序。

- **格點樣式**：您可以制定您所希望的規則，例如：從左上角開始，使用水平往覆的方式，依序加工您的零件。軟體即會自動根據您所制定的規則，排列其順序。

STEP 10 類型分類

展開加工面 1 之下的外型 - 島嶼 1 特徵，會看到下方工件的順序，就是我們加工的順序。您可以點選工件，並透過畫面當中的亮顯，確定其順序。

請至 **Part Manager** 上按滑鼠右鍵,並選擇編輯定義。

點選**類型分類**,選擇**格點樣式**進行
設定。

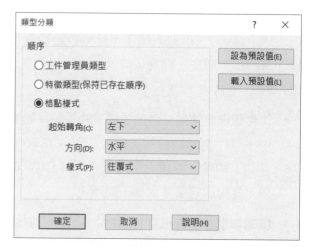

- **起始轉角:左下** 。

- **方向:水平**。

- **樣式:往覆式**。

點選**確定**,並關閉對話框。

請注意,此時外型 - 島嶼 1 的加工順序將變更如右圖
所示。

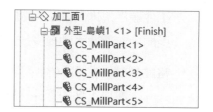

STEP 11 產生加工計劃

請至 CommandManager 點選產生加工計劃。

此時畫面自動切換至 SOLIDWORKS CAM
加工計劃管理員,並且針對每個特徵產生對應的
加工計劃。您可以根據需求,手動調整其加工參
數。

◓ **夾治具**

在 SOLIDWORKS 組合件的環境中，零件及組合件可以被設定為夾治具來作為防護區域，避免刀具銑削到夾治具。

> 提示　當您在設定夾治具時，過於複雜的圖面，例如像是整組床台，會需要大量的系統資源，故在執行防護區域的偵測及加工模擬時，速度會變慢。因此，像是導角、圓角、不必要的扣件…，如果非必要的話，可以先透過組態將其抑制。

◓ **防護區域型態**

SOLIDWORKS CAM 針對防護區域的計算，提供了兩種選項，您可以根據需求，選擇適當的選項。

- **簡易**：當您勾選簡易的選項，在執行防護區域的計算時，防護區域的範圍主要是根據夾治具的外觀邊界，而非精確的輪廓。

- **精確**：當您勾選精確的選項，在執行防護區域的計算時，防護區域的範圍是根據夾治具的完整外型來計算，而非僅有外觀邊界。

STEP 12 定義夾治具

請將畫面切換至 SOLIDWORKS CAM 加工計劃管理員，在加工面 1 上按滑鼠右鍵，並選擇編輯定義。再將畫面切換至**夾治具**的分頁，在種子零件的中間，選擇零件 CS_bolt。

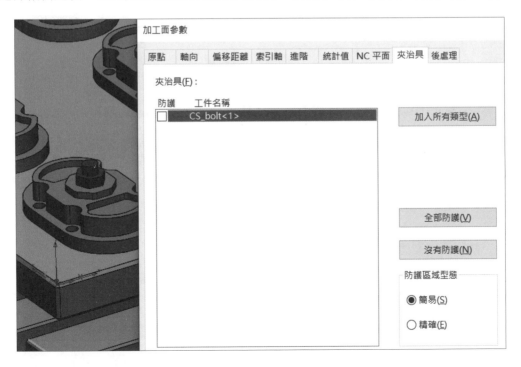

緊接著，選擇 CS_fixture_plate 及 CS_table。

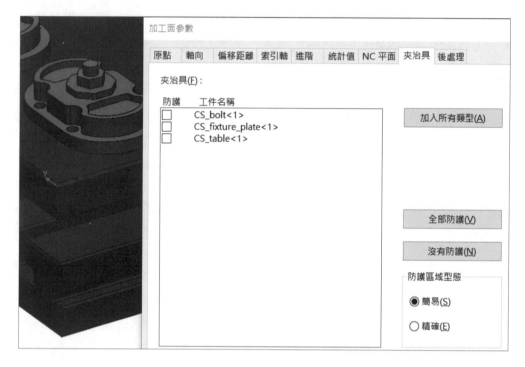

在清單中選擇 CS_bolt，並且點選**加入所有類型**，並於第一個 CS_bolt，勾選**防護**。

您會看到，當您針對第一個 CS_bolt 勾選了防護的選項，下方其他的 CS_bolt，並不會自動勾選防護。但無論其他的 CS_bolt 勾選與否，因為您第一個 CS_bolt 勾選了防護，所以其他的也會同時跟著一起自動防護。

點選**全部防護**。

針對 CS_fixture_plate 及 CS_table，取消勾選**防護**。

> 提示　在 SOLIDWORKS CAM 當中提供了精確及簡易兩種模式來作為防護區域。如果您選擇簡易的方式，則它將會針對您所選擇的物件，產生外觀邊界。因此像是虎鉗、床台、旋轉軸等大型的物件，它所產生的外觀邊界有可能會將加工的零件包括其中，進而導致無法計算刀具路徑。因此針對這類型的物件，盡量使用精確的模式，避免使用簡易的模式。

設定**防護區域型態**為**精確**。

點選**確定**。

請至 CommandManager 點選**產生刀具路徑**。

STEP **14** 分類操作

請至加工面 1 上按滑鼠右鍵，並選擇**分類操作**。

在**處理**的分頁中，取消勾選**處理完整的特徵**選項。

再將畫面切換至**排序**的分頁，透過拖曳的方式，
依序將粗銑及輪廓銑削調整至較前面的順位。

在**然後依…**中，選擇**刀具**。

點選**確定**。

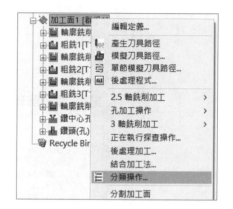

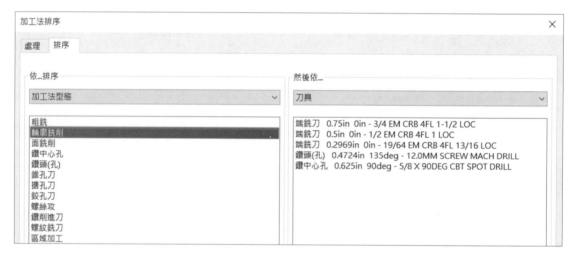

STEP **15** 模擬刀具路徑

請至 CommandManager 點選**模擬刀具路徑**，並確認最終結果。

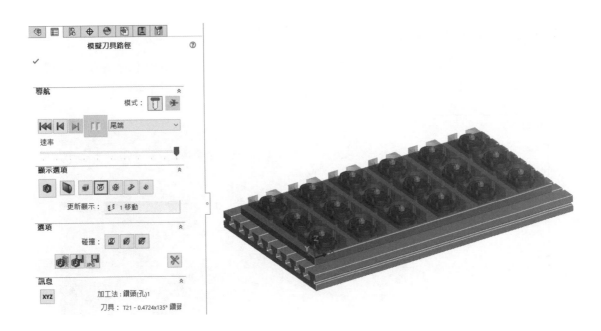

STEP **16** 儲存並關閉檔案

3.5 範例練習：組合件實例分類

在此範例中，我們將一個已經建立好加工特徵及加工計劃的零件輸入至組合件當中，並且針對畫面中的 9 個零件，每 3 個一組，使用共同的素材並進行切割。

STEP **1** 開啟檔案

請至範例資料夾 Lesson 03\Case Study，並開啟檔案「CS_SS_Assembly.SLDASM」。

在此組合件中，包含了床台、3 個素材零件、夾治具及 9 個需要加工的零件。機器、刀塔、後處理及夾治具座標系統皆已設定完成。

STEP 2 選擇要加工的零件

請將畫面切換至 SOLIDWORKS CAM 加工特徵管理員，在 **Part Manager** 上按滑鼠右鍵，並選擇編輯定義。再選擇左上角的零件，作為我們的第一個零件。

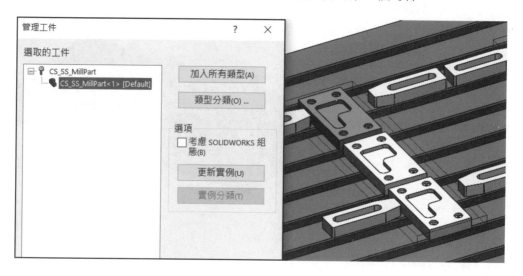

點選**加入所有類型**。

點選**確定**。

您可以在 Part Manager 中，將**種類**的樹狀結構展開，在此您會發現所有相同的零件皆已被加入至要加工的零件了。（種類的順序會根據軟體預設的規則而有所不同，在此我們先不調整順序。）

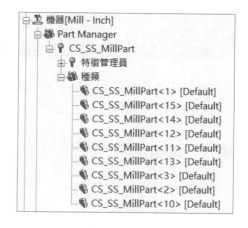

3.5.1　匯入工件資料

在 SOLIDWORKS CAM 中，您可以在組合件的環境中將零件已經設定好的刀具路徑資料匯入。

◆ **匯入選項**

● **刪除現有數據**：當您匯入工件資料，並選擇刪除現有數據，則軟體會將組合件中被您指定匯入零件的現有的加工資料刪除，並使用匯入的資料取代。

- **合併現有數據**：原有的 CAM 資料將會匯入，並且與現有的 CAM 資料並存。

  - 合併加工面：當您勾選此選項，如果原有的 CAM 資料與現有的 CAM 資料具有相同方向的加工，則軟體會自動將兩者的資料放至同一銑削工件加工面，不另外拆成兩個加工面。

◆ 操作流程

如果您想要將零件的 CAM 資料匯入至組合件：

1. 請將零件加入至 Part Manager。

2. 請至 Part Manager 的樹狀結構中，在您要匯入的零件上按滑鼠右鍵，並選擇匯入工件資料。匯入工件資料的對話框將會自動顯示。

3. 選擇輸入選項並點選**確定**。

STEP 3 匯入工件資料

請至 **Part Manager** 的樹狀結構中，在 CS_SS_MillPart 上按滑鼠右鍵，並選擇**匯入工件資料**。再選擇**刪除現有數據**，並點選**確定**。

CAM 資料將會自零件匯入。

請注意所有的零件將只有一個加工面。

根據目前的設定，所有的零件將統一使用外觀邊界作為素材的外型。

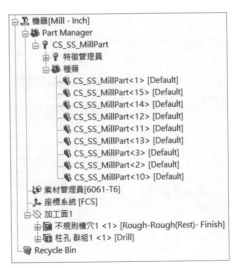

3.5.2 實例分類

當您於組合件設定加工特徵及計劃時，您只需要針對種子特徵進行設定，無須針對每個副本設定，那是因為在組合件當中，種子及副本都是相同檔名。因此當您針對種子零件設定的時候，軟體會自動為副本產生相對應的加工特徵及計劃。而實例分類的目的主要是將其獨立，使每個被獨立出來的零件，能建立屬於自己的加工特徵及計劃。

STEP 4 實例分類

請至 **Part Manager** 上按滑鼠右鍵，並選擇編輯定義。

選取的工件：選擇零件 CC_SS_MillPart<10>。

請注意，CC_SS_MillPart<10> 為中間排第一顆零件。

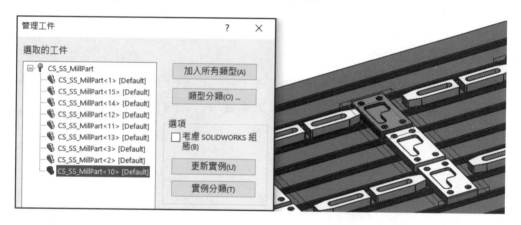

點選**實例分類**。您可以看到 CC_SS_MillPart<10> 被分類至新的群組。

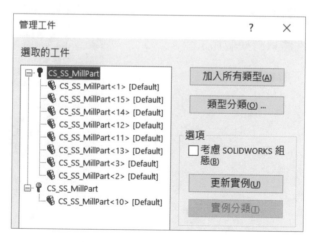

重複上述步驟，將 CC_SS_MillPart<11> 分類出來。

根據上述操作，目前我們已經成功地建立了三個群組，並可透過拖曳及放置的方式，將零件拖曳至對應的群組，如下圖所示：

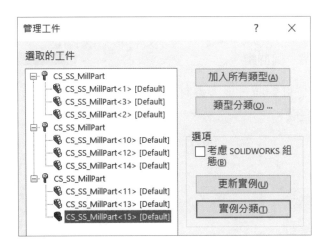

點選**確定**。

請將畫面切換至 SOLIDWORKS CAM 加工計劃管理員，您可以看到目前一共有三個群組，每個群組包含了三個零件，且每個零件包含了兩個加工特徵。

接著我們再針對素材及原點進行修改。

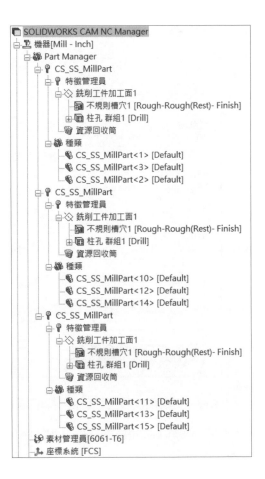

STEP 5 定義素材

請至**素材管理員**上按滑鼠右鍵,並選擇編
輯定義。

素材數量:選擇第一個群組。

而當您選擇第一個群組時,下方**素材**的欄
位會自動將三個素材選取。

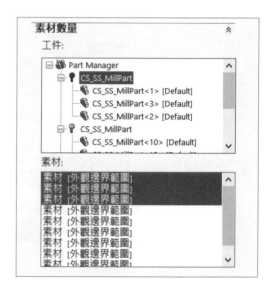

素材類型:選擇 **SOLIDWORKS** 零件。並選擇 CS_SS_Stock<1> 作為素材。

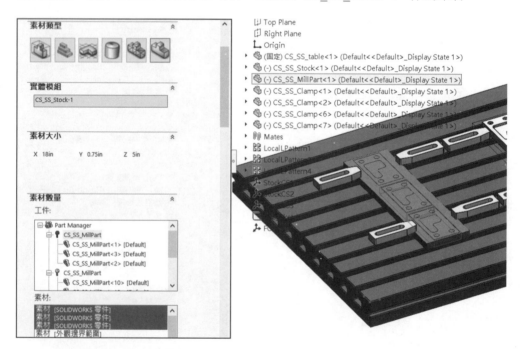

重複上述動作,針對其他兩個群組進行相同的素材設定。

您可以至 FeatureManager,找到直線複製排列 LocalLPattern3,並且在其樹狀結構下
找到 CS_SS_Stock<4>、CS_SS_Stock<4>。

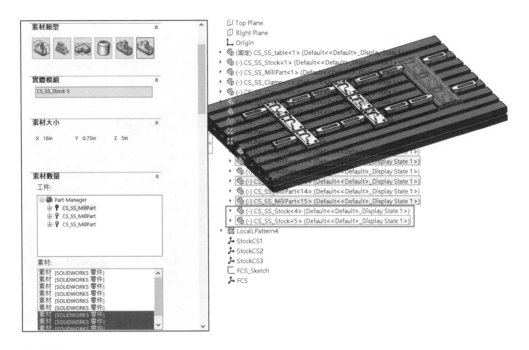

點選**確定**。

STEP **6** 產生加工計劃

請至 CommandManager 點選**產生加工計劃**，並選擇**更新**，針對剛剛獨立出來的特徵，產生加工計劃。

3.5.3 分割加工面

分割加工面主要用於拆分銑削工件加工面，以便我們可以將加工計劃從原先的加工面移動至另一個加工面。因為加工面主要用於控制刀具方向、程式原點及夾治具，將其獨立出來，可以做到更細膩的控制。

以此題為例，如果我們不將加工面分割，那麼當我們在定義原點的時候只有兩種選擇。一種是針對這 9 顆工件，使用單一原點；或者針對這 9 顆工件，各自建立原點。前者如果遇到精度需求較高的情況下，將無法局部進行調整；後者則每次加工需要校正 9 次，會造成工時的浪費。因此您可以將加工面切割成 3 個部分，於校正原點的時候，您只需要校正 3 次，既可以達到品質需求，也不會造成過分的品質要求。

分割的時候，您只需要於銑削工件加工面上按滑鼠右鍵，即可找到對應的指令。新產生的加工面會列於樹狀結構的最下層，且加工方向會與原始加工面相同。接著再將您需要分類的加工計劃拖曳放置至對應的加工面。

STEP 7 分割加工面

在接下來的操作裡，我們將針對加工面 1 進行分割，並根據素材將加工面分割為三份。

請至加工面 1 上按滑鼠右鍵，並選擇**分割加工面**。您會看到新的加工面 1[群組 2] 將會建立於樹狀結構的最下方。

重複上述步驟，建立加工面 1[群組 3]。

提示 加工面的順序亦可以透過拖曳及放置來改變順序。

STEP 8 移動加工計劃

請將加工面 1[群組 1] 展開，並透過拖曳及放置的方式，參考右圖來調整加工計劃順序。

連結及取消連結加工面

當您執行以下動作時，會產生分割加工面，且加工面的參數將會自動連結至父階：

- **分類操作**：當您於原始的銑削工件加工面上按滑鼠右鍵，並選擇分類操作。無論您於處理的分頁選擇依照加工面或越過加工面，所調整後的加工面，仍會與原始面保持父子關係。

- **分割加工面**：當您於原始的銑削工件加工面上按滑鼠右鍵，並選擇分割加工面。所分割出來的新加工面，仍會與原始加工面保持父子關係。

加工面參數對話框中的所有參數都會鏈結在一起，包含座標系統的偏移方法、偏移量、旋轉角度…。只要修改父階的參數，子階的將會跟著連動。

當加工面連結至一個或多個加工面時，會顯示一個鏈結的符號於加工面上。而父階的加工面會以藍色的鏈結符號呈現，而其他連結到父階的加工面，則會視為子階。

STEP **9** 取消連結加工面

請至加工面 1 上按滑鼠右鍵，並選擇**取消連結加工面**。

選擇群組 2、群組 3，並將其加入至右手邊**選擇加工面**的欄位。

點選**取消連結**。

STEP 10 設定座標系統

請至加工面 1[群組 1] 上按滑鼠右鍵,並選擇編輯定義。

請將畫面切換至**原點**的分頁。

輸出原點:選擇**設置原點**。

設置原點:選擇**選擇物件**。並且從 FeatureManager 中,選擇 StockCS1 作為加工面的座標系統。

再將畫面切換至**偏移距離**的分頁。

加工座標偏移:選擇**加工座標**。

設定**起始值**:54,且**增量**:0。

點選**指定鈕**,並點選**確定**關閉視窗。

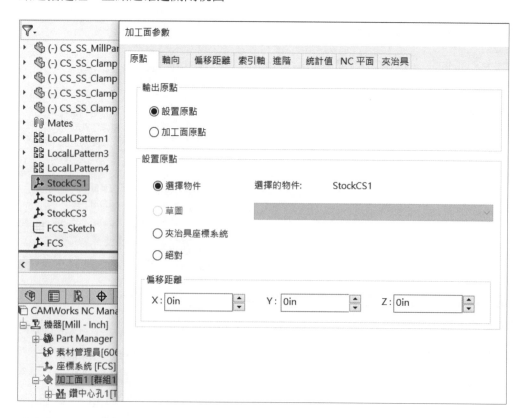

請至加工面 1[群組 2] 上按滑鼠右鍵,並選擇編輯定義。

請將畫面切換至**原點**的分頁。

輸出原點：選擇**設置原點**。

設置原點：選擇**選擇物件**。並且從 FeatureManager 中，選擇 StockCS2 作為加工面的座標系統。

再將畫面切換至**偏移距離**的分頁。

加工座標偏移：選擇**加工座標**。

設定**起始值**：55，且**增量**：0。

點選**指定**鈕，並點選**確定**關閉視窗。

請至加工面 1[群組 3] 上按滑鼠右鍵，並選擇編輯定義。

請將畫面切換至**原點**的分頁。

輸出原點：選擇**設置原點**。

設置原點：選擇**選擇物件**。並且從 FeatureManager 中，選擇 StockCS3 作為加工面的座標系統。

再將畫面切換至**偏移距離**的分頁。

加工座標偏移：選擇**加工座標**。

設定**起始值**：56，且**增量**：0。

點選**指定**鈕，並點選**確定**關閉視窗。

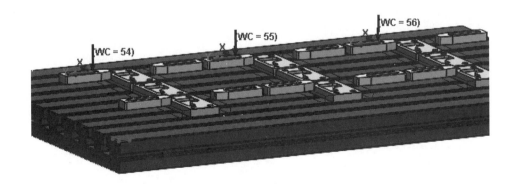

STEP 11 產生刀具路徑

當點選**產生刀具路徑**時,所有的加工計劃都會生成刀具路徑,唯獨群組 2 的粗銑 3 及群組 3 的粗銑 5。

這是因為在粗銑 2 及粗銑 4,所有的材料皆已被清除乾淨,因此額外的粗銑是不必要的。

刪除加工計劃粗銑 3 及粗銑 5。

STEP 12 定義夾治具

請至銑削工件加工面 1 上按滑鼠右鍵,並選擇編輯定義。

請將畫面切換至**夾治具**的分頁,您可以使用窗選的方式,將組合件中其他的零件一併框選。

針對所有夾治具的零件,勾選**防護**的選項,並於**防護區域型態**勾選**精確**。

點選**確定**。

如果需要的話,請重新產生刀具路徑。

原點	軸向	偏移距離	索引軸	進階	統計值	NC 平面	夾治具

夾治具(F):

防護	工件名稱
☑	CS_SS_table<1>
☐	CS_SS_Stock<1>
☐	CS_SS_Stock<4>
☐	CS_SS_Stock<5>
☑	CS_SS_Clamp<8>
☑	CS_SS_Clamp<9>
☑	CS_SS_Clamp<1>
☑	CS_SS_Clamp<6>
☑	CS_SS_Clamp<7>
☑	CS_SS_Clamp<2>
☑	CS_SS_Clamp<11>
☑	CS_SS_Clamp<12>
☑	CS_SS_Clamp<13>
☑	CS_SS_Clamp<10>
☑	CS_SS_Clamp<14>
☑	CS_SS_Clamp<15>

加入所有類型(A)

全部防護(V)

沒有防護(N)

防護區域型態

○ 簡易(S)

● 精確(E)

STEP **13** 模擬刀具路徑

請至 CommandManager 點選**模擬刀具路徑**，並確認結果。

注意每一個加工面都會依照順序加工。

加工法分類

分類操作的目的在於協助使用者根據規則重新排序加工順序，以達到加工效率的最佳化及最少的刀具交換時間。

當您於 SOLIDWORKS CAM 加工計劃管理員選擇了分類操作，會出現加工法排序的對話框，其中包含兩個主要的分頁：處理及排序。

- **處理**：在加工法排序中的第一個分頁為處理，而其中的選項允許您制訂排序加工法的規則，排序的策略有以下兩種方式：

  - **依照加工面**：當您選擇依照加工面，則刀具路徑輸出的順序，基本上以先完成一個加工面為優先。舉例來說，在畫面當中我們有三塊素材，且這三塊素材的第一把刀具，目前都是 T03-0.5 的端銑刀，如果我們希望能以最有效率的方式完成加工，應該是先使用 T03 加工完全部的零件之後再換刀。但如果我們選擇的是依照加工面，則在使用完 T03 切削完第一塊素材之後，它會先換成下一把刀具，直到此加工面的所有特徵都完成了，才換回 T03，繼續往下一顆素材邁進。

  - **越過加工面**：如上述我們所形容的一樣，如果您想要減少換刀的次數及時間，那麼您必須選擇越過加工面，亦即當您使用 T03 加工完第一顆素材之後，軟體不會先換刀，而是緊接著切削完第二及第三顆工件，直到所有使用 T03 刀具的特徵都加工完畢才更換刀具，並繼續其他特徵的加工。

    請注意，當您選擇越過加工面時，將無法至排序的分頁來選擇優先順序。

  - **先依照後越過加工面**：其排序方式與越過加工面類似，唯一的差別是，當您選擇越過加工面時，您只能根據目前的刀具順序來排序加工。但如果您選擇了先依照後越過加工面，則您可以至排序的分頁，選擇加工計劃或刀具的優先順序。

- **排序**：在排序的分頁中，您可以選擇排序的優先順序。而排序的規格又分為兩大類。您可以至依…排序的對話框，選擇您想依照加工計劃的類型排序，或者根據刀具排序。

STEP 14 加工法分類

　　請將畫面切換至 SOLIDWORKS CAM 加工計劃管理員，在**機器**上按滑鼠右鍵，並選擇**加工法分類**。

在**處理**分頁的**策略**中，選擇**先依照後越過加工面**。

在**排序**分頁中的**依…排序**中，選擇**加工法型態**，並透過拖曳放置的方式，調整順序如下圖所示。

下圖所示。

處理	排序

依…排序   然後依…

加工法型態   無

面銑削
粗銑
輪廓銑削
鑽中心孔
鑽頭(孔)
錐孔刀
搪孔刀
鉸孔刀
螺絲攻
鑽削進刀
螺紋銑刀
區域加工
Z 軸加工層(等高式)
平坦區域

點選**確定**。

STEP 15 模擬刀具路徑

請至 CommandManager 點選**模擬刀具路徑**。

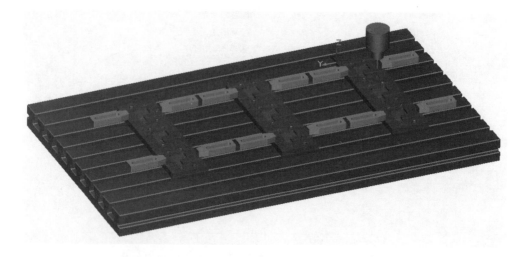

STEP 16 儲存並關閉檔案

練習 3-1 使用組合件模式加工

藉此範例，使用組合件的環境，針對虎鉗上面的零件，建立加工特徵、加工計劃及刀具路徑。

操作步驟

STEP 1 開啟檔案

請至範例資料夾 Lesson 03\
Exercises，並開啟檔案「EX_
Kurt_Vise_DX6.SLDASM」。在
此組合件中，包含了一個 Kurt
的虎鉗，及一個要加工的零件。

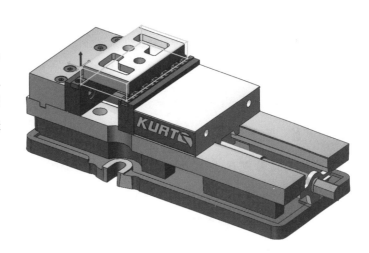

STEP 2 定義機器

請將畫面切換至 SOLIDWORKS CAM 加工特徵管理員，在機器上按滑鼠右鍵，並選擇編輯定義。再到**機器**的分頁，選擇**銑床**下的 Mill-Inch，作為使用的機器。

STEP 3 選擇刀塔

請將畫面切換至**刀塔**的分頁，選擇 Tool Crib 2(Inch)，作為**啟用的刀塔**。

STEP 4 選擇後處理程序

請將畫面切換至**後處理程序**的分頁，選擇 M3AXIS-TUTORIAL，作為**啟用的後處理程序**。

STEP 5 選擇要加工的零件

請至 **Part Manager** 上按滑鼠右鍵，並選擇編輯定義。再選擇零件 EX_millPart，作為要加工的零件。

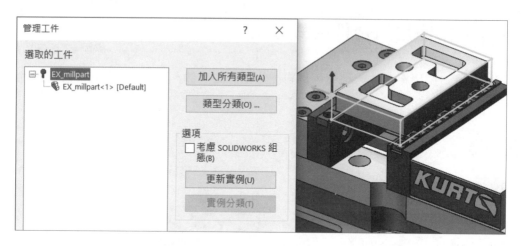

點選**確定**。

STEP 6 定義素材

請至**素材管理員**上按滑鼠右鍵，並選擇編輯定義。

素材類型：選擇**伸長草圖**。

在 FeatureManager 中，找到資料夾 STOCK，並選擇草圖 STOCK XY 做為素材。

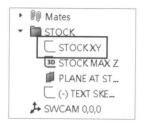

素材的終止條件，您可以選擇**參考平面**的類型，並且於資料夾 STOCK 中，選擇基準面 PLANE AT STOCK MAX Z。

點選**確定**。

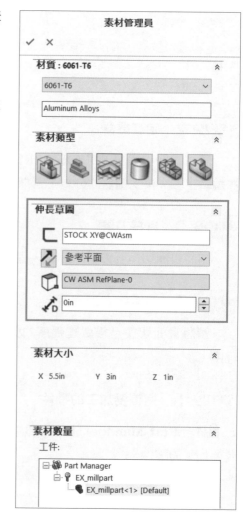

STEP 7 定義座標系統

請至**座標系統**上按滑鼠右鍵,並選擇**編輯定義**。

方法:選擇 **SOLIDWORKS** 座標系統。

可用座標系統:選擇 SWCAM 0,0,0。

點選**確定**。

STEP 8 設定 SOLIDWORKS CAM 選項

在**銑削特徵**分頁的**自動辨識可加工特徵**中,勾選以下特徵:

- 孔

- 無孔

- 錐度與圓角

孔辨識選項:設定**最大直徑**為 1in。

點選**確定**。

STEP 9 建立加工特徵

請至 CommandManager 點選**提取加工特徵**。

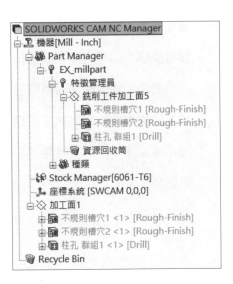

STEP 10 產生加工計劃

請至 CommandManager 點選**產生加工計劃**。

軟體會針對先前操作所生成的特徵,產生加工計劃。

```
加工面1 [群組1]
    粗銑1[T02 - 0.375 端銑刀]
    輪廓銑削1[T01 - 0.25 端銑刀]
    粗銑2[T02 - 0.375 端銑刀]
    輪廓銑削2[T01 - 0.25 端銑刀]
    鑽中心孔1[T17 - 1/2 x 90DEG 鑽中心孔]
    鑽頭(孔)1[T18 - 0.397x135° 鑽頭(孔)]
    輪廓銑削3[T03 - 0.5 端銑刀]
    輪廓銑削4[T19 - 1/8 X 90 錐孔刀]
    錐孔刀1[T20 - 1/2 X 90 錐孔刀]
    Recycle Bin
```

STEP 11 產生刀具路徑

請至 CommandManager 點選**產生刀具路徑**。

```
加工面1 [群組1]
    粗銑1[T02 - 0.375 端銑刀]
    輪廓銑削1[T01 - 0.25 端銑刀]
    粗銑2[T02 - 0.375 端銑刀]
    輪廓銑削2[T01 - 0.25 端銑刀]
    鑽中心孔1[T17 - 1/2 x 90DEG 鑽中心孔]
    鑽頭(孔)1[T18 - 0.397x135° 鑽頭(孔)]
    輪廓銑削3[T03 - 0.5 端銑刀]
    輪廓銑削4[T19 - 1/8 X 90 錐孔刀]
    錐孔刀1[T20 - 1/2 X 90 錐孔刀]
    Recycle Bin
```

STEP 12 定義座標系統

請至加工面 1 上按滑鼠右鍵,並選擇編輯定義。

請將畫面切換至**原點**的分頁。

輸出原點:選擇**設置原點**。

設置原點:選擇**夾治具座標系統**。

再將畫面切換至**偏移距離**的分頁。

加工座標偏移:選擇**加工座標**。

設定**起始值**:54,且**增量**:1。

點選**指定**鈕,設定加工座標偏移。

點選**確定**。

> **提示**　設定加工座標偏移的動作是必須的，確保輸出程式碼時，G54 會輸出於程式碼中。

| 原點 | 軸向 | 偏移距離 | 索引軸 | 進階 | 統計值 | NC 平面 | 夾治具 |

依...排序

○ 工件順序

● 格點樣式

起始角：　左上　∨

方向：　水平　∨

樣式：　單向式　∨

加工座標偏移

○ 無 (N)

○ 夾治具(F)

● 加工座標(W)

○ 加工和次座標(S)

起始值：　　　　　增量：

1　　　　　　0

1　　　　　　0

54　　　　　1

1　　　　　　0

指定(A)

#	零件名稱	加工面	偏...	副	X	Y	Z
1	EX_millpart<1>	銑削工件加工面5	54	0	2.75	-1.5	-0

STEP 13 模擬刀具路徑

請至 CommandManager 點選**模擬刀具路徑**。

您可以注意到，刀具路徑模擬的顯示並不包含虎鉗。

STEP 14 定義夾治具

請至加工面 1 上按滑鼠右鍵，並選擇編輯定義。

請將畫面切換至**夾治具**的分頁，您可以使用窗選的方式，將組合件的其他零件選取起來。

您可以注意到，除了加工的零件本身之外，其他的零件將會被加入清單之中。

| 原點 | 軸向 | 偏移距離 | 索引軸 | 進階 | 統計值 | NC 平面 | 夾治具 |

夾治具(F)：

防護	工件名稱
☐	Copy of SHCS 0500x13UNC_0750^EX_Ku
☐	Copy of SHCS 0500x13UNC_0750^EX_Ku
☐	Copy of Low Head SCS 0438x13UNC_190
☐	Copy of Low Head SCS 0438x13UNC_190
☐	Copy of DX6-1^EX_Kurt_Vise_DX6<1>
☐	Copy of 6in_Jaw_Mit1B0A_32066_ORIG^E
☐	Copy of 6in_Jaw_Mit1B0A_32066_ORIG^E
☐	Copy of DX6-2^EX_Kurt_Vise_DX6<1>
☐	Copy of SHCS 0500x13UNC_0750^EX_Ku
☐	Copy of SHCS 0500x13UNC_0750^EX_Ku
☐	Copy of Copy of TALONGRIP 0500 WIDE x
☐	Copy of Copy of TALONGRIP 0500 WIDE x
☐	Copy of TALONSTOP 500 WIDE x 060^EX
☐	Copy of Copy of TALONGRIP 0500 WIDE x
☐	Copy of TALONSTOP 500 WIDE x 060^EX
☐	Copy of Copy of TALONGRIP 0500 WIDE x
☐	Copy of Low Head SCS 0438x13UNC_190
☐	Copy of Low Head SCS 0438x13UNC_190
☐	Copy of TALONSTOP 500 WIDE x 060^EX
☐	Copy of Work Offset Loc^EX_Kurt_Vise_D

加入所有類型(A)

全部防護(V)

沒有防護(N)

防護區域型態
◉ 簡易(S)
○ 精確(E)

點選**確定**，如此一來，清單中的零組件將會顯示於模擬之中。

STEP> 15 模擬刀具路徑

請至 CommandManager 點選**模擬刀具路徑**。

您可以注意到，本次刀具路徑模擬時，虎鉗的外觀將會顯示於畫面之中。

您可以於夾治具的分頁當中，勾選防護，確保刀具不會銑削到工件。

STEP> 16 儲存並關閉檔案

練習 [3-2] 使用副程式輸出程式

藉此範例，使用組合件的環境，針對多個零件，建立加工特徵、加工計劃及刀具路徑，並使用副程式的方式輸出程式碼。

操作步驟

STEP 1 開啟檔案

請至範例資料夾 Lesson 03\Exercises，並開啟檔案「EX_Kurt_Vise_TwoVise.SLDASM」。在此組合件中，包含了兩個虎鉗、兩個素材，及兩個要加工的零件。

STEP 2 定義機器

請將畫面切換至 SOLIDWORKS CAM 加工特徵管理員，在機器上按滑鼠右鍵，並選擇編輯定義。再到**機器**的分頁，選擇**銑床**下的 Mill-Inch，作為使用的機器。

STEP 3 選擇刀塔

請將畫面切換至**刀塔**的分頁，選擇 Tool Crib 2(Inch)，作為**啟用的刀塔**。

STEP 4 選擇後處理程序

請將畫面切換至**後處理程序**的分頁，選擇 M3AXIS-TUTORIAL，作為**啟用的後處理程序**。

再將畫面切換至**後處理**的分頁，在**副程式**中的**輸出副程式**，選擇**所有操作**。

點選**確定**。

STEP 5 選擇要加工的零件

請至 **Part Manager** 上按滑鼠右鍵，並選擇編輯定義。再點選畫面中兩個名為 EX_Kurt_Vise_MillPart 的零件，作為要加工的零件。

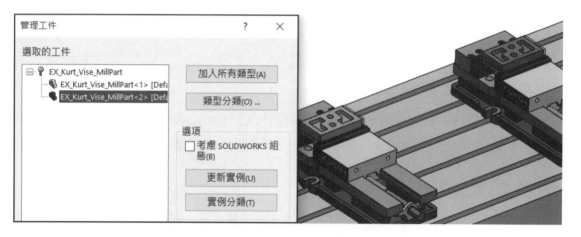

點選**確定**。

STEP 6 定義素材

請至**素材管理員**上按滑鼠右鍵，並選擇編輯定義。

素材數量：選擇零件 EX_Kurt_Vise_MillPart<1>。

素材類型：選擇 **SOLIDWORKS** 零件。

從 FeatureManager 中，選擇零件 EX_Kurt_Vise_Stock<1>，作為零件的素材。

素材數量：選擇零件 EX_Kurt_Vise_MillPart<2>。

素材類型：選擇 **SOLIDWORKS** 零件。

從 FeatureManager 中選擇零件 EX_Kurt_Vise_Stock<2>，作為零件的素材。

點選**確定**。

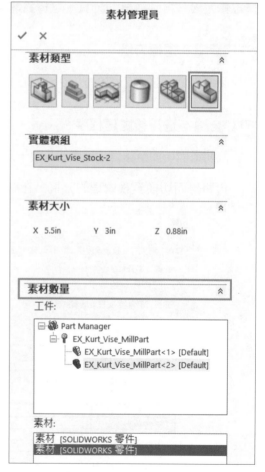

STEP 7 定義座標系統

請至座標系統上按滑鼠右鍵,並選擇編輯定義。

方法:選擇 **SOLIDWORKS** 座標系統。

可用座標系統:選擇 FCS。

點選**確定**。

STEP 8 設定 SOLIDWORKS CAM 選項

在**銑削特徵**分頁的**自動辨識可加工特徵**中,勾選以下特徵:

- 孔

- 無孔

- 錐度與圓角

   孔辨識選項:設定**最大直徑**為 1in。

   點選**確定**。

STEP 9 產生加工特徵

請至 CommandManager 點選**提取加工特徵**。

STEP 10 修改座標系統原點

請至 **Part Manager** →**特徵管理員**,在銑削工
件加工面 1 上按滑鼠右鍵,並選擇編輯定義。再切
換至**原點**的分頁,點選**選擇物件**,並點選畫面中零
件的左上角作為程式的原點。

點選**確定**。

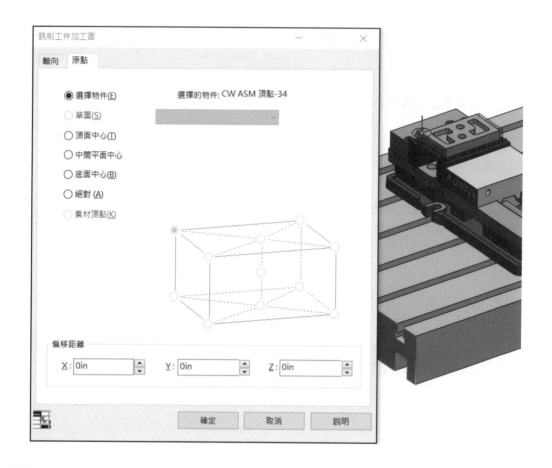

STEP 11 產生加工計劃

請至 CommandManager 點選產生加工計劃。

軟體會針對先前操作所生成的特徵,產生加工計劃。

STEP 12 定義座標系統

請至加工面 1 上按滑鼠右鍵,並選擇編輯定義。

請將畫面切換至**原點**的分頁。

輸出原點:選擇**加工面原點**。

再將畫面切換至**偏移距離**的分頁。

加工座標偏移：選擇**加工座標**。

設定**起始值**：54，且**增量**：1。

點選**指定**鈕，設定加工座標偏移。

#	零件名稱	加工面	偏...	副	X	Y	Z
1	EX_Kurt_Vise_MillPart<1>	銑削工件加工面1	54	0	12.5	16.49	5.48
2	EX_Kurt_Vise_MillPart<2>	銑削工件加工面1	55	0	34.47	16.49	5.48

 提示 設定加工座標偏移的動作是必須的，確保輸出程式碼時，G54 會輸出於程式碼中。

STEP 13 **定義夾治具**

請至銑削工件加工面 1 上按滑鼠右鍵，並選擇編輯定義。

請將畫面切換至**夾治具**的分頁，您可以使用窗選的方式，將組合件的其他零件選取起來。

點選**確定**。

STEP▸ **14** 產生刀具路徑

請至 CommandManager 點選**產生刀具路徑**。

STEP▸ **15** 模擬刀具路徑

請至 CommandManager 點選**模擬刀具路徑**。

確認刀具路徑。

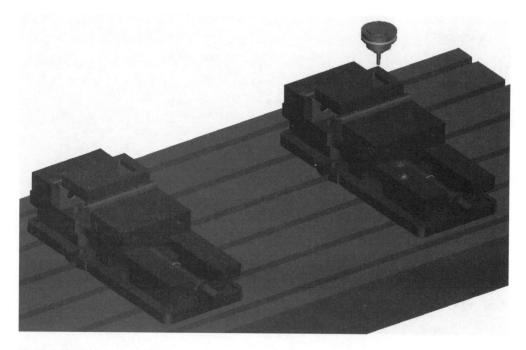

點選**確定**。

離開刀具路徑模擬。

STEP 16 輸出 NC 碼

請至 CommandManager 點選**後處理**按鈕,並依照預設名稱將檔案儲存於桌面。

再將**選項**展開,並勾選**開啟 G 碼檔於** SOLIDWORKS CAM NC 編輯器。

點選**開始模擬**。

點選**確定**關閉視窗。

STEP 17 檢查程式碼

當您輸出 NC 碼的時候,您可以看到程式會使用 M98 呼叫副程式(P0002、P0003…),並且每個加工計劃都將以副程式的形式輸出(O0002、O0003…)。

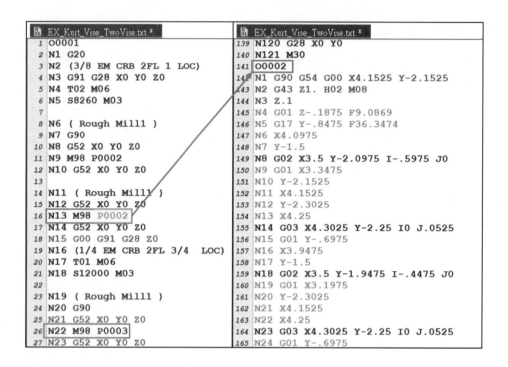

STEP▶ 18 儲存並關閉檔案

練習 3-3 一模多穴加工

藉此範例，使用組合件的環境，針對畫面當中的九個零件，分別使用三個素材，建立其加工特徵、加工計劃及刀具路徑。並且透過加工法分類，將每三個零件使用一個共用的素材。

操作步驟

STEP▶ 1 開啟檔案

請至範例資料夾 Lesson 03\Exercises，並開啟檔案「EX_SS_Assembly.SLDASM」。在此組合件中，包含了一個床台、三個素材零件、夾治具及九個要加工的零件（每三個零件使用一個共用素材）。在此範例中，機器、刀塔、後處理程序、夾治具座標系統皆已設定完畢。

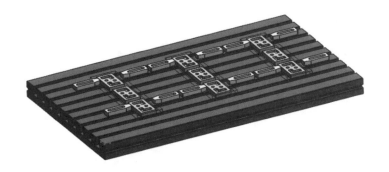

STEP 2 加入要加工的零件

請將畫面切換至 SOLIDWORKS CAM 加工特徵管理員，在 **Part Manager** 上按滑鼠右鍵，並選擇編輯定義。再選擇最左上角的零件，作為要加工的零件。

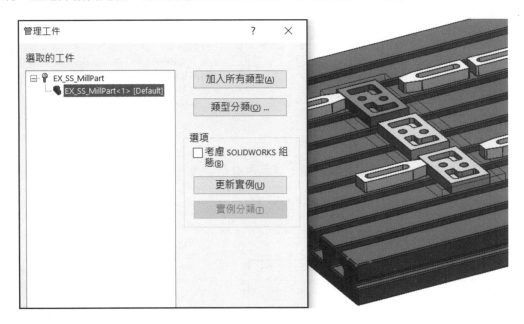

點選**加入所有類型**。

點選**確定**。

您可以在 **Part Manager** 中，將**種類**的樹狀結構展開，在此您會發現所有相同的零件皆已被加入至要加工的零件了。

STEP 3 匯入工件資料

請至 **Part Manager** 的樹狀結構中，在 EX_SS_MillPart 上按滑鼠右鍵，並選擇**匯入工件資料**。再選擇**刪除現有數據**，並點選**確定**。

此時軟體會將零件本身已經設定好的 CAM 資料匯入組合件中。

請注意，所有的零件僅有一個銑削工件加工面，且目前素材的設定為預設值，會自動針對每個零件使用外觀邊界的方式。

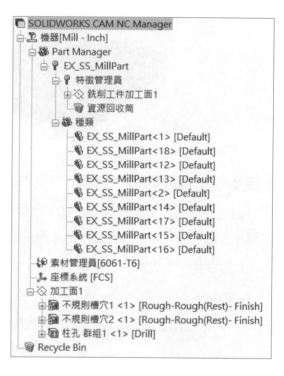

STEP 4 實例分類

請至 **Part Manager** 上按滑鼠右鍵，並選擇編輯定義。

選取的工件：選擇零件 EX_SS_MillPart<17>。

此為第二排最上方的零件。

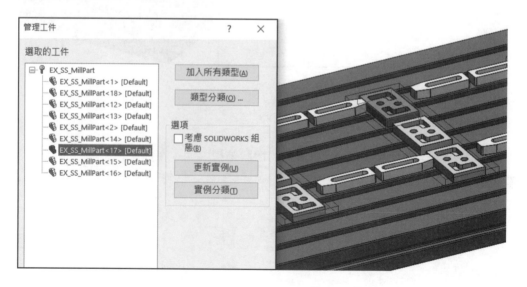

> **提示** 清單中零件排列的順序不見得會與圖片中相同,請以您電腦的順序為主。

點選**實例分類**。您可以看到 EX_SS_MillPart<17> 被分類至另一個群組。

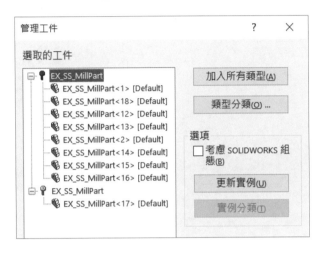

重複上述步驟,將 EX_SS_MillPart<18> 分類出來。

完成後,根據目前設定我們將會有三個群組,並可透過拖曳及放置的方式,將所有零件根據下圖進行分類。

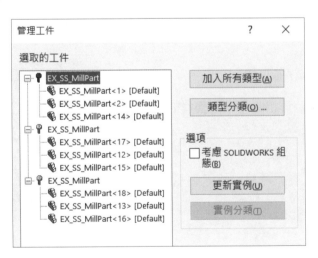

點選**確定**。

完成上述動作之後，您可以看到，在 SOLIDWORKS CAM 樹狀結構中已分成三大類的零件類型，且每個類型的零件，各自有自己的加工面及特徵。

接著繼續進行素材及原點的設定。

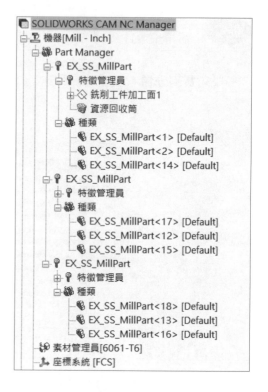

STEP 5 定義素材

請至**素材管理員**上按滑鼠右鍵，並選擇編輯定義。

素材數量：選擇第一個群組。

而當您選擇第一個群組時，下方**素材**的欄位會自動將三個素材選取。

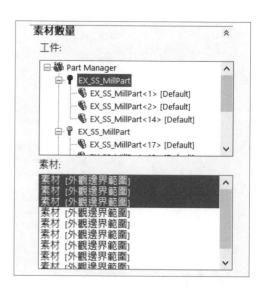

素材類型：選擇 **SOLIDWORKS** 零件，並從 FeatureManager 中，選擇零件 EX_SS_Stock-1，作為素材。

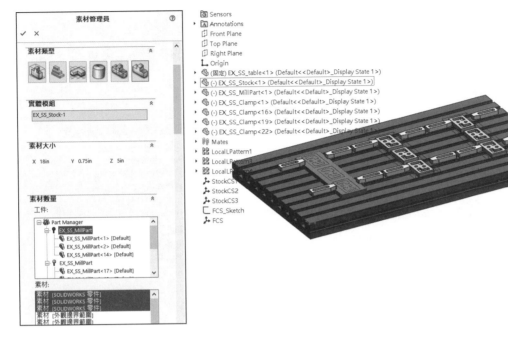

重複上述動作，為其他兩個群組進行相同的素材設定。

素材檔案 EX_SS_Stock-4、EX_SS_Stock-5 位於複製排列歷程 LocalPattern3 中。

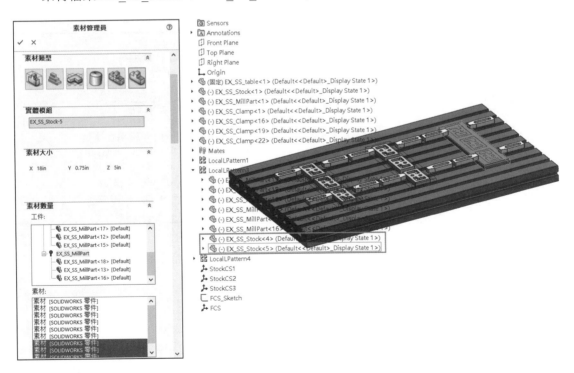

點選**確定**。

STEP 6 產生加工計劃

請至 CommandManager 點選**產生加工計劃**，並針對新產生的特徵點選更新。

STEP 7 分割加工面

針對每一個群組，需要建立獨立的加工面。

請至加工面 1 上按滑鼠右鍵，並選擇**分割加工面**，加工面 1[群組 2] 將會自動建立。

請至加工面 1 上按滑鼠右鍵，並選擇**分割加工面**，加工面 1[群組 3] 將會自動建立。

```
▣ SOLIDWORKS CAM NC Manager
├─ 🛠 機器[Mill - Inch]
│  ├─ 🐱 Part Manager
│  ├─ 🎛 素材管理員[6061-T6]
│  ├─ 📐 座標系統 [FCS]
│  ├─ 🔷 加工面1 [群組1]
│  ├─ 🔷 加工面1 [群組2]
│  ├─ 🔷 加工面1 [群組3]
│  └─ 🗑 Recycle Bin
```

STEP 8 移動加工計劃

透過拖曳放置的方式，將所有加工計劃根據下圖進行分類。

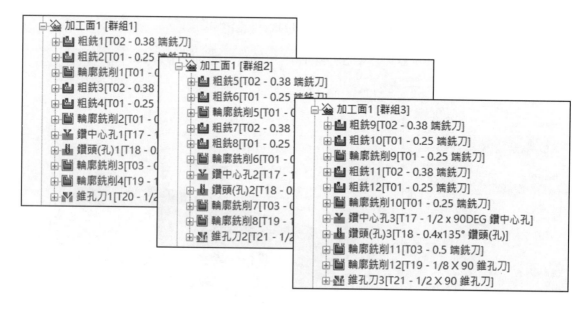

STEP **9** 取消連結加工面

請至加工面 1 上按滑鼠右鍵,並選擇**取消連結加工面**。

再將群組 2 及群組 3 從左側清單移至右邊清單。

點選**取消連結**。

STEP **10** 設定座標系統

請至加工面 1[群組 1] 上按滑鼠右鍵,並選擇編輯定義。

請將畫面切換至**原點**的分頁。

輸出原點:選擇**設置原點**。

設置原點:選擇**選擇物件**。並且從 FeatureManager 中,選擇 StockCS1 作為加工面的座標系統。

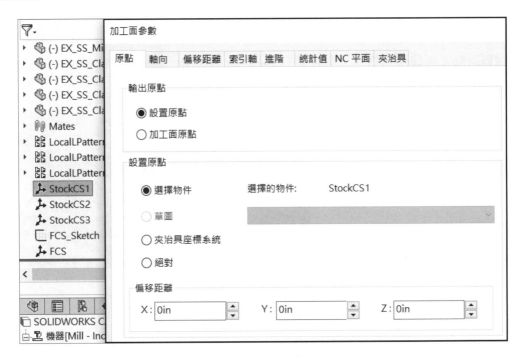

再將畫面切換至**偏移距離**的分頁。

加工座標偏移：選擇**加工座標**。

設定**起始值**：54，且**增量**：0。

點選指定鈕，並點選確定關閉視窗。

請至加工面 1[群組 2] 上按滑鼠右鍵，並選擇編輯定義。

請將畫面切換至原點的分頁。

輸出原點：選擇**設置原點**。

設置原點：選擇**選擇物件**。並且從 FeatureManager 中，選擇 StockCS2 作為加工面的座標系統。

再將畫面切換至**偏移距離**的分頁。

加工座標偏移：選擇**加工座標**。

設定**起始值**：55，且**增量**：0。

點選指定鈕，並點選確定關閉視窗。

請至加工面 1[群組 3] 上按滑鼠右鍵，並選擇編輯定義。

請將畫面切換至**原點**的分頁。

輸出原點：選擇**設置原點**。

設置原點：選擇選擇物件。並且從 FeatureManager 中，選擇 StockCS3 作為加工面的座標系統。

再將畫面切換至**偏移距離**的分頁。

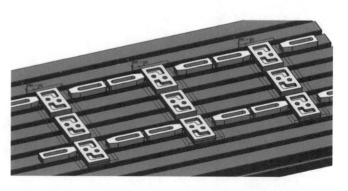

加工座標偏移：選擇**加工座標**。

設定**起始值**：56，且**增量**：0。

點選**指定**鈕，並點選**確定**關閉視窗。

STEP **11** 產生刀具路徑

請至 CommandManager 點選**產生刀具路徑**。

所有的加工計劃將會生成刀具路徑。

STEP **12** 定義夾治具

請至銑削工件加工面 1 上按滑鼠右鍵,並選擇編輯定義。

請將畫面切換至**夾治具**的分頁,您可以使用窗選的方式,將組合件的其他零件一併選取起來。

針對所有夾治具的零件,勾選**防護**的選項,並於**防護區域型態**勾選**精確**。

點選**確定**。

如果需要的話,請重新產生刀具路徑。

STEP **13** 模擬刀具路徑

請至 CommandManager 點選**模擬刀具路徑**。

注意每一個加工面都會依照順序加工。

STEP **14** 儲存並關閉檔案

NOTE

3+2 軸加工

04

順利完成本章課程後，您將學會：

- 什麼是 3+2 軸加工

- 以 4 軸為例，如何在 SOLIDWORKS CAM 中
  進行定角度加工設定

- 如何在組合件的環境中設定臥式 4 軸的加工

4.1　3+2 軸加工

在 SOLIDWORKS CAM Professional 版本當中，提供了 3+2 軸加工，您可以指定機器的旋轉及傾斜軸。當您加工一個需要多面加工的零件時，軟體會自動為您計算翻轉角度，無須拆解工序並依靠夾治具將每一面的程式各別輸出。

4.2　範例練習：3+2 軸零件加工

在此範例中，我們將練習使用第 4 軸來為此零件進行編程，並自動計算其加工角度。

STEP 1　開啟檔案

請至範例資料夾 Lesson 04\Case Study，並開啟檔案「CS-TS-RotaryPart.sldprt」。

STEP 2　定義機器

請將畫面切換至 SOLIDWORKS CAM 加工計劃管理員，在機器上按滑鼠右鍵，並選擇編輯定義。再到**機器**的分頁，選擇**銑床**下的 Mill 4 axis-Inch，作為使用的機器。

STEP 3　選擇刀塔

請將畫面切換至**刀塔**的分頁，選擇 Tool Crib 2(Inch)，作為**啟用的刀塔**。

STEP 4　選擇後處理程序

請將畫面切換至**後處理程序**的分頁，選擇 M4AXIS-TUTORIAL，作為**啟用的後處理程序**。

4.2.1　索引軸

在 SOLIDWORKS CAM 中，您可以定義機器的旋轉軸及傾斜軸，以及其角度限制。軟體會以您的夾治具座標系統作為 0 度位置，自動為您計算加工的角度。

在多數的情況下，旋轉的角度不會只有一組解。您可以在軟體中定義角度限制，及轉動方向的限制，例如：順時針、逆時針或兩者。如果第一個計算出的解超出了機器的限制範圍，SOLIDWORKS CAM 會驗證剩餘的解決方案，直到找到一個有效的組合。

軟體選擇的角度不見得會是最短距離。您可以透過手動的方式控制，並選擇替代的角度或覆蓋計算的角度。

◈ 操作流程

1. 請至機器上按滑鼠右鍵，並選擇編輯定義。

2. 在加工面的分頁中，選擇索引軸為 4 軸或 5 軸。

3. 定義整體索引軸提刀平面，此平面的目的在於，當您有旋轉角度的動作時，軟體會將刀具提高至此高度，確保安全無虞。此動作不會顯示在軟體操作畫面，但會伴隨著程式碼一同輸出。

4. 請將畫面切換至旋轉軸的分頁。

5. 選擇旋轉軸對應的軸向，通常來說，旋轉軸指的是與工件接觸的第一個軸。以 3+1 軸設備為例，旋轉軸為通常 A 軸；以臥式銑床來說，旋轉軸通常為 B 軸；以搖籃式的五軸設備來說，旋轉軸通常為 C 軸。但一切還是得依照實際機器為主。

6. 當您確定了旋轉軸之後，接著我們必須確認旋轉方向的正負方向，通常來說旋轉方向會根據右手定則，但因為旋轉方向會與個人喜好有關，有時使用者會將控制器調整成自己喜好的方向。因此您可以透過反轉方向的選項，確認旋轉軸的正負方向。

7. 接著確定 0 度位置。通常來說，0 度位置為 XY 平面，這在 4 軸中是必須設定的選項。但定義 5 軸機器時，0 度位置的選項會定義在 5 軸的分頁而非 4 軸的分頁。

8. 定義旋轉方向，請注意，此方向並非旋轉角度的正負方向，而是當您在計算可加工角度的時候，軟體的旋轉順序。一般來說，我們會選擇兩者，以便得到更多的角度選擇。

9. 如果您的設備為 5 軸設備，請將畫面切換至傾斜軸的分頁，並根據步驟 5~8 設定傾斜軸相關資訊。

10. 請將畫面切換至 SOLIDWORKS CAM 加工計劃管理員，您可以在銑削工件加工面上按滑鼠右鍵，並選擇編輯定義。在加工面的分頁中檢視軟體計算出來可加工的角度。

11. 在加工面的分頁，確認輸出的旋轉軸及傾斜軸角度。如果需要的話，您可以選擇其他角度的解。

12. 如果計算出來的角度不符合預期，請選擇覆蓋並輸入您需要的角度。請注意，如果您覆蓋了原有的角度，您必須驗證覆蓋後的角度與方向，是否符合預期，避免發生碰撞。

● **夾治具座標系統**

如果您想使用 3+2 軸的加工，那麼您必須在軟體中定義夾治具座標系統。夾治具座標系統的目的就像是在跟電腦說明我們的零件是如何擺放在床台上，而軟體則會根據目前擺放的方向，計算加工面應旋轉的角度值。

STEP 5 定義索引軸及夾治具座標系統

請將畫面切換至**加工面**的分頁。

索引軸：選擇 4 軸。

夾治具座標系統：點選**定義**鈕。

方法：選擇 **SOLIDWORKS** 座標系統。

可用座標系統：選擇 FCS。

點選**確定**。

STEP 6 設定旋轉軸

請將畫面切換至**旋轉軸**的分頁。

旋轉軸：選擇 **Y** 軸。

0 度位置：選擇 **XY** 平面。

機器	刀塔	後處理程序	後處理	加工面	旋轉軸	傾斜軸

旋轉軸是

○ X軸

● Y軸　　　　☐ 反轉方向(B)

○ Z軸

○ 選擇物件

旋轉方向(d)：

兩者　　　▼

0度位置

● XY平面

○ XZ平面

○ YZ平面

○ 選擇物件

點選**確定**。

STEP 7 定義素材

請至**素材管理員**上按滑鼠右鍵，並選擇編輯定義。

材質：選擇 CLASS45。

素材類型：選擇 **SOLIDWORKS** 組件檔案。

實體模型：選擇**當前組件**。並從下拉式選單選擇 STOCK 組態。

點選**確定**。

材質：**CLASS 45**

CLASS 45　　　▼

Ductile & Gray Cast Iron

素材類型

實體模型

○ 選擇組件

　　　　　　...

● 當前組件

STOCK　　　▼

預設　　　▼

STEP 8 提取加工特徵

請至 CommandManager 點選 **SOLIDWORKS CAM**
選項。

在**銑削特徵**分頁的特徵型態對話框中,將孔勾選

孔辨識選項:設定**最大直徑**為 0.5in。

點選**確定**。

請至 CommandManager 點選**提取加工特徵**。

如下圖所示,每個法蘭面將會自動建立一個銑削工件加工面,及一個孔群組特徵。

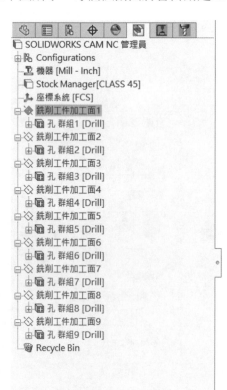

STEP 9 產生加工計劃及刀具路徑

請至 CommandManager 點選**產生加工計劃**。

每一個加工面會各自有一把中心鑽及一把鑽頭。

點選**產生刀具路徑**。

STEP 10 模擬刀具路徑

請至 CommandManager 點選**模擬刀具路徑**，並確認其結果。

4.3 範例練習：運用組合件進行臥式 4 軸加工

在此範例中，我們將在 SOLIDWORKS 組合件的環境，建立一個臥式機台的組件，並透過 4 軸加工，加工立柱上面的零件。

STEP 1 開啟檔案

請至範例資料夾 Lesson 04\Case Study，並開啟檔案「CS-TS-3plus2.sldasm」。

STEP 2 定義機器

請將畫面切換至 SOLIDWORKS CAM 加工計劃管理員，在機器上按滑鼠右鍵，並選擇編輯定義。再到**機器**的分頁，選擇 Mill-Inch，作為可用的機器。

STEP 3 選擇刀塔

請將畫面切換至**刀塔**的分頁，選擇 Tool Crib 2(Inch)，作為**啟用的刀塔**。

STEP 4 選擇後處理程序

請將畫面切換至**後處理程序**的分頁，選擇 M4AXIS-TUTORIAL，作為**啟用的後處理程序**。

◆ 加工面 - 組合件模式選項

- **偏移原點（僅限組合件模式）**：偏移距離方式的選項會顯示在加工面的分頁中，它能計算夾治具座標系統到加工面原點的距離。或者從設置原點到加工面原點的角度值。根據機床的不同，計算的方式會影響計算的結果。

- **偏移距離方式**：偏移距離方式的類型有以下兩種：

  - 旋轉的：當您選擇偏移距離方式為旋轉的，此時設置原點到加工面原點的偏移距離，是根據 4 軸或 5 軸旋轉過後的距離而計算的。這也是常使用的計算方式。定義夾治具座標系統是建議但非必要的手法。

  - 非旋轉的：當您選擇偏移距離為非旋轉的，此時偏移距離的計算方式，是從夾治具座標系統到加工面原點，在 4 軸或 5 軸旋轉之前的絕對值。如果您要使用這樣的方式做計算，則必須先定義夾治具座標系統，如果沒有的話，它將會計算組合件原點到加工面原點的距離。

- **由…輸出多重工件**：為達到加工的效率最佳化，在輸出程式碼的時候，可以根據以下三種模式，減少換刀的次數或者移動的距離。

  - 刀具：當您選擇輸出由刀具的時候，程式輸出的順序，會先以相同零件使用相同刀具為優先。當第一顆零件使用不再使用這把刀具，才會移動至後續零件，直到所有的零件都加工完畢，才會執行換刀的指令。

  - 特徵：當您選擇輸出由特徵的時候，程式輸出的順序，會先以相同特徵為優先。等到第一個特徵加工完畢，才會繼續進行後續特徵的加工。

- 工件：當您選擇輸出由工件的時候，程式輸出的順序，會先以同一顆零件使用相同刀具的部分優先輸出。直到第一顆零件加工完畢，才會繼續下一顆零件的加工。

STEP 5　設定索引軸及夾治具座標系統

請將畫面切換至**加工面**的分頁。

索引軸：選擇 4 軸。

夾治具座標系統：點選**定義**鈕。

方法：選擇 **SOLIDWORKS** 座標系統。

可用座標系統：選擇 FCS。

點選**確定**。

STEP 6 設定旋轉軸

請將畫面切換至**旋轉軸**的分頁。

旋轉軸：選擇 **Y 軸**。

0 度位置：選擇 **XY 平面**。

| 機器 | 刀塔 | 後處理程序 | 後處理 | 加工面 | 旋轉軸 | 傾斜軸 |

旋轉軸是
- ○ X軸
- ◉ Y軸　　　　☐ 反轉方向(B)
- ○ Z軸
- ○ 選擇物件

旋轉方向(d)：
兩者 ▼

0度位置
- ◉ XY平面
- ○ XZ平面
- ○ YZ平面
- ○ 選擇物件

點選**確定**。

STEP 7 選擇要加工的零件

請將畫面切換至 SOLIDWORKS CAM 加工特徵管理員，在 **Part Manager** 上按滑鼠右鍵，再選擇零件 CS_TS_MillPart，作為要加工的零件。

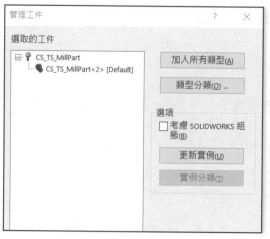

管理工件

選取的工件

- CS_TS_MillPart
  - CS_TS_MillPart<2> [Default]

加入所有類型(A)

類型分類(O) ...

選項
☐ 考慮 SOLIDWORKS 組態(B)

更新實例(U)

實例分類(T)

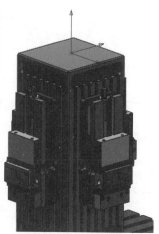

在**選取的工件**中，點選零件使其亮顯，並點選**加入所有類型**。

點選**確定**。

STEP 8 定義素材

請至**素材管理員**上按滑鼠右鍵，並選擇編輯定義。

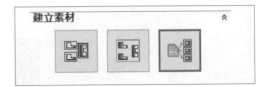

選擇第一個零件，並確認：

素材類型：選擇**外觀邊界**。

建立素材：選擇**套用目前素材定義至所有工件**。

STEP 9 提取加工特徵

請至 CommandManager 點選 **SOLIDWORKS CAM** 選項。

在**銑削特徵**分頁的特徵型態對話框中，勾選以下特徵：

- 孔
- 無孔
- 錐度與圓角

  點選**確定**。

  請至 CommandManager 點選**提取加工特徵**。

STEP 10 產生加工計劃

請至 CommandManager 點選**產生加工計劃**。

STEP 11 定義夾治具

請至加工面 1 上按滑鼠右鍵，並選擇編輯定義。

請將畫面切換至**夾治具**的分頁，透過窗選，將其他零組件選取起來。

點選**確定**。

STEP▶ **12** 產生刀具路徑並模擬

請至 CommandManager 點選**產生刀具路徑**。

請至 CommandManager 點選**模擬刀具路徑**。

STEP▶ **13** 儲存並關閉檔案

練習 4-1 3+2 軸加工

藉此範例，練習使用 3+2 軸的方式，定義一旋轉軸以建立一臥式銑床的加工。

操作步驟

STEP 1 開啟檔案

請至範例資料夾 Lesson 04\Exercises，並開啟檔案「EX-TS-3plus2.sldasm」。

STEP 2 定義機器

請將畫面切換至 SOLIDWORKS CAM 加工特徵管理員，在機器上按滑鼠右鍵，並選擇編輯定義。再到**機器**的分頁，選擇**銑床**下的 Mill 4 axis-Inch，作為使用的機器。

STEP 3 選擇刀塔

請將畫面切換至**刀塔**的分頁，選擇 Tool Crib 2(Inch)，作為**啟用的刀塔**。

STEP 4 選擇後處理程序

請將畫面切換至**後處理程序**的分頁，選擇 M4AXIS-TUTORIAL，作為**啟用的後處理程序**。

STEP 5 定義索引軸及夾治具座標系統

請將畫面切換至**加工面**的分頁。

索引軸：選擇 4 軸。

夾治具座標系統：點選**定義**鈕。

| 機器 | 刀塔 | 後處理程序 | 後處理 | 加工面 | 旋轉軸 | 傾斜軸 |

索引軸: 4 軸

整體旋轉提刀平面(G)：10in

索引限制

	旋轉軸		傾斜軸
最小：	-360deg	最小：	-120deg
最大：	360deg	最大：	120deg

☐ 更新索引軸角度設置

CNC補償選項

☑ 顯示刀具路徑在G碼座標

☑ 首次移動時顯示刀具補償

夾治具座標系統

定義...

偏移原點

偏移距離方式：旋轉的

偏移距離方式：非旋轉方式需有夾治具
座標系統

方法：選擇 **SOLIDWORKS** 座標系統。

可用座標系統：選擇 FCS。

點選**確定**。

STEP 6 設定旋轉軸

請將畫面切換至**旋轉軸**的分頁。

旋轉軸：選擇 **Y 軸**。

0 度位置：選擇 **XY** 平面。

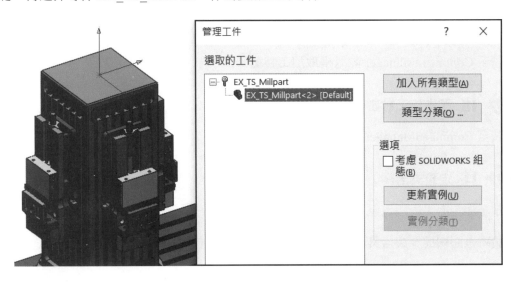

STEP **7** 選擇要加工的零件

請將畫面切換至 SOLIDWORKS CAM 加工特徵管理員，在 **Part Manager** 上按滑鼠右鍵，再選擇零件 EX_TS_MillPart，作為要加工的零件。

在**選取的工件**中，點選零件使其亮顯，並點選**加入所有類型**。

點選**確定**。

STEP **8** 定義素材

請至**素材管理員**上按滑鼠右鍵,並選擇編輯定義。

選擇第一個零件,並確認:

素材類型:選擇**外觀邊界**。

建立素材:選擇**套用目前素材定義至所有工件**。

建立素材

STEP **9** 提取加工特徵

請至 CommandManager 點選 **SOLIDWORKS CAM** 選項。

在**銑削特徵**分頁的特徵型態對話框中,勾選以下特徵:

- 孔
- 無孔
- 錐度與圓角

點選**確定**。

請至 CommandManager 點選**提取加工特徵**。

STEP **10** 產生加工計劃

請至 CommandManager 點選**產生加工計劃**。

STEP **11** 定義夾治具

請至加工面 1 上按滑鼠右鍵,並選擇編輯定義。

請將畫面切換至**夾治具**的分頁,透過窗選,將其他零組件選取起來。

點選**確定**。

STEP **12** 產生刀具路徑並模擬

請至 CommandManager 點選**產生刀具路徑**。

請至 CommandManager 點選**模擬刀具路徑**。

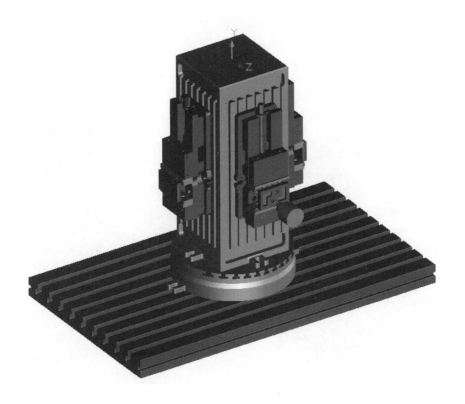

STEP **13** 儲存並關閉檔案

NOTE

05

車床加工

 順利完成本章課程後，您將學會：

- 如何利用 3D 模型建立刀具路徑，並輸出 NC 碼
- 定義車床機器
- 定義車床素材
- 定義座標系統
- 車床特徵及對應的加工
- 自動或交互式建立車削特徵
- 建立及修改車削特徵
- 模擬車削刀具路徑
- 後處理程序

5.1 | SOLIDWORKS CAM 車床

在 SOLIDWORKS CAM Professional 版本中支援了單主軸單刀塔的車床加工。使用者們可以在 SOLIDWORKS 零件的環境中,為零件建立車床刀具路徑及輸出 NC 碼。與銑床相似,在車床的環境下您可以使用交互式或者是特徵辨識的方式來提取車削特徵,並根據加工技術資料庫為其配置最適當的加工參數。甚至在車床的模式下,同樣也支援了模型組態、自定義車削刀片⋯等諸多功能。

> **提示**　SOLIDWORKS CAM 不支援雙主軸、雙刀塔,或使用動力刀塔進行四軸同動車銑複合加工。

5.2 | 操作流程

根據以下操作,為車削零件建立刀具路徑並輸出 NC 碼。

1.　請在 SOLIDWORKS 中開啟一個 3D 模型。

2.　請將畫面切換至 SOLIDWORKS CAM 加工特徵管理員。

3.　定義機器、控制器。

4.　定義素材。

5.　定義加工特徵。

6.　產生加工計劃及調整加工參數。

7.　產生刀具路徑。

8.　模擬刀具路徑。

9.　輸出 NC 碼。

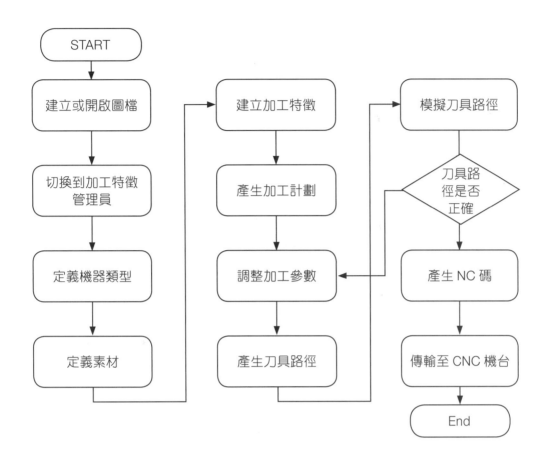

5.3 範例練習：建立車床刀具路徑及輸出 NC 碼

在此範例中，我們將練習對一個 SOLIDWORKS 零件檔案，建立車床加工特徵及刀具路徑，並輸出 NC 碼。

零件的類型不僅限於 SOLIDWORKS 繪製的檔案，也可以是外部輸入的檔案，例如其他 CAD 軟體；中繼格式，例如：IGES、X_T、STEP、STL…等。在此範例中，我們將使用 SOLIDWORKS 零件檔案。

STEP 1 開啟檔案

請至範例資料夾 Lesson 05\Case Study，並開啟檔案「CS_turn_1.sldprt」。

STEP 2　定義機器

請將畫面切換至 SOLIDWORKS CAM 加工特徵管理員,在機器上按滑鼠右鍵,並選擇編輯定義。再到**機器**的分頁,選擇**車床**下的 Turn Single Turret-Inch,作為使用的機器。

⑤ 注意　如果您主要以車床加工為主,您可以至加工技術資料庫,將車床設為預設機器。

STEP 3　選擇刀塔

請將畫面切換至**刀塔**的分頁,選擇 Tool Crib 2 Rear(Inch),作為**啟用的刀塔**。

STEP 4 選擇後處理程序

請將畫面切換至**後處理程序**的分頁，選擇 T2AXIS-TUTORIAL，作為**啟用的後處理程序**。

再將畫面切換至**後處理**的分頁，在此會顯示關於輸出 NC 碼時相關的資訊及參數。

例如參數 **Z Preset** 與 **X Preset**，這兩個參數主要是控制刀具的起始即返回位置。而這兩個數字主要是根據程式原點 X0,Z0 所對應的相對位置。當您加工完一個段落需要提刀至安全的換刀位置，您可以設定提刀點於此，以節省您重複輸入的時間。

在 **Program number** 欄位中輸入 1001。（當輸出 NC 碼時，檔頭會自動顯示 O1001。）

| 機器 | 刀塔 | 後處理程序 | 後處理 | 加工面 | 卡盤/夾具 |

定義冷卻液來自於
○ 刀具　　　　　　　　　　　● 後處理程序

定義刀具直徑 & 長度補償來自於
○ 刀具　　　　　　　　　　　● 後處理程序

副程式

☐ 樣式化特徵的輸出副程式

參數	值
Program number	1001
Z Preset Rear Main	5.00000"
X Preset Rear Main	10.00000"
Z Preset Rear Sub	5.00000"
X Preset Rear Sub	10.00000"

5.3.1 加工面

此分頁主要控制加工面的相關資訊，例如：座標系統位置、主軸轉速上限、車削特徵斷面平面…等相關資訊。

機器	刀塔	後處理程序	後處理	加工面	卡盤/夾具

步軸

📑 主軸

座標系統：　　　🔻 使用者定義...

工作位移：　　　[None]...

主軸轉速：☐ 限制

4500.00rpm ▲▼

主軸轉向：　順時針：
朝向操作員 ⌄

關聯現有加工法 ...

車削特徵斷面平面

類型：XZ 平面 ⌄

物件：

角度：0deg ▲▼

車削特徵顯示平面

類型：XZ 平面 ⌄

物件：

角度：0deg ▲▼

選項
　☑ 顯示刀具路徑在G碼座標
　　☑ 首次移動時顯示刀具補償

◆ 加工方向

在車床加工中，X 軸代表直徑大小，Z 軸代表加工深度。而 X、Z 的方向會顯示於 SOLIDWORKS 的操作介面之中，以便您能知道何處為程式原點，以及車床的加工方向。一般來說 Z 軸指的是車床的主軸，且車刀會由 Z 軸的正方向往負方向車削。

🌀 注意　　　正確地設置主軸的中心線是非常重要的，有了主軸的中心線，才能使用特徵辨識，或者是交互式的方式定義車削特徵。

下圖說明了軸方向：

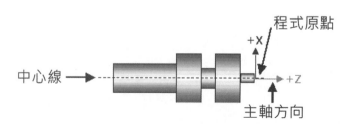

- **主軸座標系統**：您可以在加工面的分頁中找到使用者定義座標系統的按鈕，點選此按鈕即可定義座標系統。

或者在 SOLIDWORKS CAM 的加工特徵管理員樹狀結構，您也可以找到座標系統的樹狀結構。

5.3.2 卡盤／夾具

在卡盤／夾具的分頁中，您可以設定夾爪的外型。當您執行刀具路徑模擬的時候，夾爪的外型會顯示於畫面當中，做為您碰撞偵測的參考。

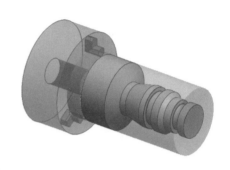

您可以在 SOLIDWORKS CAM 加工特徵管理員的樹狀結構，在機器上按滑鼠右鍵，選擇是否顯示夾爪，如果您選擇為顯示的情況下，當您在操作軟體的同時，畫面當中會顯示夾爪的幾何，以便您進行避讓。

◈ **主軸信息**

主要控制卡盤及夾具的相關資訊，您可以在此處設定其相關參數。

| 機器 | 刀塔 | 後處理程序 | 後處理 | 加工面 | 卡盤/夾具 |

主軸信息

形狀： 標準

名稱： 6in_2Step_Chuck　　編輯...

描述：

方向角度(A)： 0deg

- **形狀**

  - 標準：當您選擇卡盤／夾具的形狀為標準，您可以透過下方的編輯鈕，進入夾頭管理的對話框。在此選項中，您可以透過下拉式選單來選擇軟體內建的標準夾頭，並且在下方欄位中進一步定義夾頭的外型，例如：夾頭的大小、夾爪的數量、夾爪的階層…，甚至向內夾持或向外夾持。

- 零件／組件：當您選擇卡盤／夾具的形狀為零件／組件，您可以透過下方瀏覽的按鈕，進入 Windows 檔案總管，選擇您需要的零件或者組合件。如果您所選擇的零件或組合件，具備有模型組態，那麼您可以在 Configurations 的欄位中，透過下拉式選單的方式，選擇您所需要的模型組態。

- STL 檔案：當您選擇卡盤／夾具的形狀為 STL 檔案，其操作方式與零件／組件相同，都是透過下方瀏覽的按鈕，進入 Windows 檔案總管，選擇您需要的 STL 檔案。與零件／組件不同的是，STL 無法使用模型組態。

- **方向角度**：當您選擇完夾爪的外型之後，第一個夾爪的副本會顯示於畫面當中的 0 度位置，透過方向角度，您可以旋轉第一個夾爪的位置，進而讓全部的夾爪一同旋轉。

- **卡盤／夾具展示**：此下拉式選單主要控制卡盤／夾具的顯示樣式。

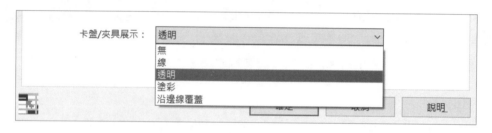

> **提示** 您可以在 SOLIDWORKS CAM 加工特徵管理員的樹狀結構，在機器上按滑鼠右鍵，選擇卡盤／夾具的顯示樣式。

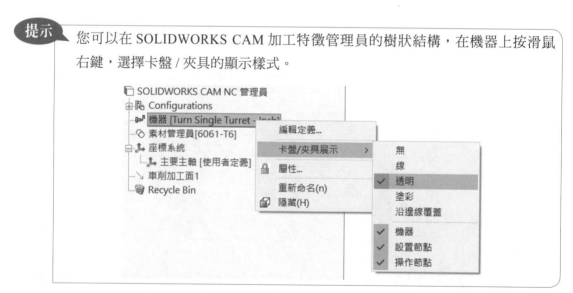

STEP 5 定義主軸座標系統

請將畫面切換至**加工面**的分頁。

在**主軸座標系統**中點選**使用者定義**，參考下圖，確認此零件的 X、Z 方向是否正確。

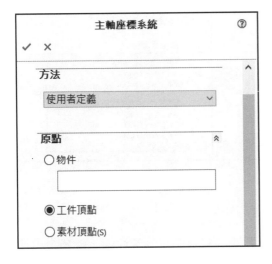 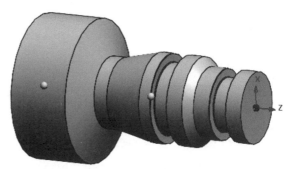

點選**確定**。

 您同樣可以至 SOLIDWORKS CAM 加工特徵管理員，在座標系統上按滑鼠右鍵，並選擇編輯定義，以設定主軸座標系統。

STEP 6 定義卡盤／夾具

請將畫面切換至**卡盤／夾具**的分頁。

根據以下條件，設定**主軸信息**：

● **形狀**：標準。

● **名稱**：6in_2Step_Chuck。

● **方向角度**：0 度。

設定**卡盤／夾具展示**：透明。

點選**確定**。

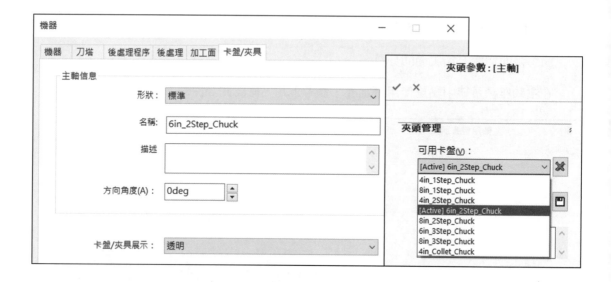

5.3.3 素材

素材指的是零件車削前的外觀，以車床來說，預設的素材類型為圓柱體，軟體會根據零件的長度及粗細，自動加入一個適當的圓柱體大小。

素材的對話框包含了所有定義素材外觀的參數，例如素材的類型為圓柱、旋轉草圖、stl 或 SOLIDWORKS 零件…。以圓柱為例，甚至您可以規範端面的伸出量、尾端的伸出量、直徑大小，甚至中間通孔直徑…。接下來我們將針對所有參數一一介紹。

- **材質**：當您針對素材管理員進行編輯，首先您會看到材質的選項，您可以透過下拉式選單選擇零件的材質。當您的轉速進給設定為根據材質時，材質的選用會影響到轉速進給的快慢。還有您可以至加工技術資料庫，新增編輯自己的材質。

- **素材類型**

素材類型	說明
圓棒素材	此為軟體的預設素材類型。當您選擇素材類型為圓棒素材，軟體會自動使用一個最小的棒材將其包覆在裡面，您可以透過尺寸的偏移，或者給定實際的尺寸數據來定義其外觀大小。
從草圖旋轉	若您的素材為半成品，非圓柱體。您可以透過 SOLIDWORKS 草圖功能，繪製一封閉草圖。軟體會根據斷面外型，自動旋轉草圖並作為素材。

素材類型	說明
從 2dWIP 檔旋轉	當您於前製程已經設定好了加工計劃並產生刀具路徑後,您可以在素材管理員上按滑鼠右鍵,並選擇儲存 WIP 模組,選擇要儲存的階段,使其成為一個副檔名為 *.cwtwip 的檔案。 當您開始著手進行下一個車削面的排程時,您可以選擇此檔案作為素材。
從 STL 檔案	假設您的素材為鍛造或鑄造,是具有不規則幾何的素材,那麼您可以將素材的外觀另存為 *.STL 格式,並選擇此 STL 作為素材。
組件檔案	除了 *.STL 格式之外,素材的部分同時也支援了 SOLIDWORKS 零件格式。組件檔案的方式,還可以直接使用組態來作為素材使用,不需要額外再儲存一個新的零件檔案。

⬢ 策略

　　素材的策略主要可以分為兩種類型:實體及心型。您可以理解成素材是實體的圓棒或者是中空的管料。根據策略的不同,對應的加工計劃也會有所不同。

- **實體**:當您選擇策略為實體時,代表您加工時所使用的材料是一個實心的棒材。當您進行內孔加工時,如果您的素材為實體,那麼就可能需要先鑽孔再搪孔。反之,如果已經是中空管材,那麼就無需預先鑽孔。

- **心型**:當您選擇策略為心型時,代表您加工時所使用的材料是一個中空的管材。您必須於圓棒素材參數,指定內部直徑的大小。軟體會根據內部直徑的大小,判斷哪些地方還需要車削。模擬時可以觀測退刀距離是否會發生碰撞。

⬢ 圓棒素材參數

　　當您選擇素材類型為圓棒素材時,此對話框會顯示於素材管理員。您可以透過調整素材參數,定義素材的外型。

圓棒素材參數

	4in
	0in
	7.75in
	-7.75in

SOLIDWORKS CAM 會根據您所定義的數據來產生素材的外型，或者您也可以透過偏移來偏移端面、直徑或夾持端。確保素材大小足夠。

- **外部直徑**：外部直徑決定素材的直徑大小，軟體會根據此零件的最大直徑，作為外部直徑的預設值。您可以透過直接給定數據或指定偏移量的方式來增加外部直徑。

- **內部直徑**：當您加工的零件採用管料作為素材，您可以指定內部直徑的大小。當您的內部直徑等於 0 時，其策略為實體；當您的內部直徑大於 0 時，則策略為心型。而內部直徑的大小必須大於 0 且小於素材直徑，若內部直徑超出外部直徑時，軟體會出現警告訊息，並提示您輸入有效範圍內的值。

- **素材長度**：素材長度主要決定素材的總長，其預設值通常會等於工件長度。但通常素材長度不會等同工件，您必須考慮端面的車削量及後方的夾持量。

  素材長度 = 零件長度 + 素材正面偏移 + 素材背面偏移。

- **素材背面絕對位置**：主要控制此素材與工件對應的擺放位置。您可以將工件的端面視為 Z0，往右為正，往左為負。以此題為例，假設素材長度為 7.75in，素材背面絕對位置為 -7.75in，因此素材最後結束的位置會在距離工件端面左方 7.75in 的位置。假設您將此數值調整為 -7.65，您可以看到整體素材長度不變，且往右移 0.1in。素材最後結束的位置會在距離工件端面左方 7.65in 的位置，而剛剛調整的 0.1in 則會變成端面的肉厚。

◆ **偏移參數**

您可以透過偏移參數，將圓棒素材放大，而偏移參數主要分為三個部分：

- **直徑偏移**：您可以透過直徑偏移，將圓棒素材的外徑加大。請注意，當您輸入直徑偏移時，偏移的距離指的是整體直徑而非單邊，以此題為例，素材直徑預設為 4in，當您輸入直徑偏移為 0.1in 時，素材直徑變成 4.1in，而非 4+0.1×2=4.2in。

- **素材正面偏移**：您可以透過素材正面偏移，增加端面的肉厚，確保車削端面時，有足夠的肉厚可以進行車削。請注意，當您增加素材正面偏移時，素材長度的欄位會自動計算目前總長。或者當您調整了素材背面絕對位置，素材正面偏移的數值也會跟著連動。

- **素材背面偏移**：您可以透過素材背面偏移，增加末端夾持的長度。當您增加素材背面偏移的時候，素材長度的欄位會自動計算目前的總長。或者當您調整了素材背面絕對位置，素材背面偏移的數值也會跟著連動。

- **用於重新計算的關聯偏移參數**：用於重新計算的關聯偏移參數預設為勾選狀態。

當您要加工的工件因設變而導致外觀幾何的改變，SOLIDWORKS CAM 會根據幾何的變化自動重新建立刀具路徑。當您勾選了**用於重新計算的關聯偏移參數**，素材的長度會自動同步工件的長度，素材的直徑會自動同步工件的最大直徑，確保新的刀具路徑正確無誤。

STEP 7　定義素材

在此範例中，我們將使用一個 8in 的圓棒做為車削的材料，並預留 0.1in 作為面車削預留之肉厚。

請至**素材管理員**上按滑鼠右鍵，並選擇編輯定義。

材質：304。

素材類型：選擇**圓棒素材**。

策略：選擇**實體**。

根據以下條件，設定**圓棒素材參數**：

- **外部直徑**：4in。

- **素材長度**：8in。

根據以下條件，設定**偏移參數**：

- **素材正面偏移**：0.1in。

- **素材背面偏移**：1.15in。

點選**確定**。

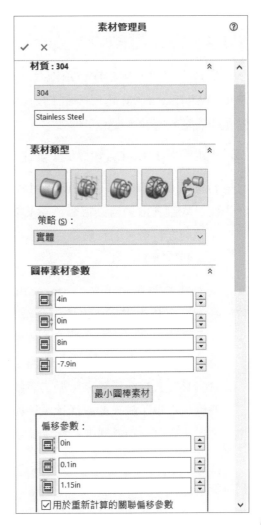

偏移參數可用於定位零件，以便您的零件有足夠的肉厚進行端面車削，或者提供夾爪夾持。

> **提示** 請至 SOLIDWORK CAM 加工特徵管理員，點選機器下的素材管理員，即可預覽工件夾持及端面偏移量。
>
>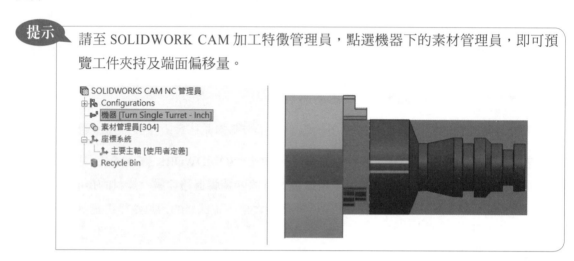

5.3.4 車床特徵

與銑床相同，SOLIDWORKS CAM 是基於特徵的加工。藉由定義不同的車削特徵，SOLIDWORKS CAM 會根據加工技術資料庫，提供您更多自動化及智能的加工路徑。減少您重複設定的時間，提升工作效率。

SOLIDWORKS CAM 提供了兩種建立車削特徵的方法：

1. **自動特徵辨識 AFR（Automatic Feature Recognition）：** 當您執行提取加工特徵時，軟體會啟動自動特徵辨識的功能，並分析您的 3D 模型，以建立車削方向及判別可車削之特徵。而特徵識別是基於零件的幾何輪廓或特徵拓樸（一個特徵如何關聯另外一個特徵）。

2. **交互式特徵辨識 IFR（Interactive Feature Recognition）：** 自動特徵辨識雖然方便，但有時候它不見得能完全辨識所有加工特徵，例如牙紋或溝槽特徵。以溝槽為例，當使用外徑車刀能夠進入的情況下，軟體可能會先判定使用外徑車削將其車削。但現實生活當中，我們可能會將工序拆解成外徑車削然後再溝槽車削。這時候就必須透過交互式特徵辨識來手動告訴軟體我們要車削的部位及特徵類型了。而交互式特徵辨識也提供了較大的靈活性，例如當我們對一個較堅硬的工件進行車削，使用交互式的方式可以手動將其拆分為多個段落進行車削，減少刀具損耗。

在 SOLIDWORKS CAM 中，您可以只使用一種，或同時使用兩種方式來定義您的車削特徵。

而它包含的特徵主要有以下幾種類型：

- 面特徵。

- 外徑特徵。

- 內徑特徵。

- 溝槽特徵。

- 切斷特徵。

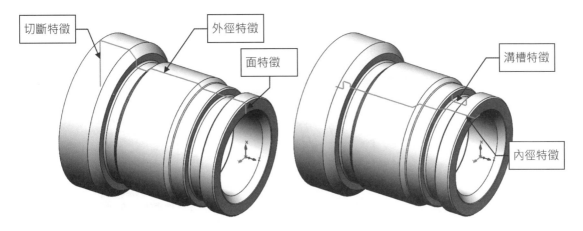

以下是車床可使用的特徵。

特徵類型	說明	對應的加工計劃
面特徵	您可以點選模型最前端的邊線來建立面特徵。一般來說，面特徵通常用來建立 Z 軸方向之基準。	面粗加工 面精加工
外徑特徵	外徑特徵通常是指從面特徵一直到切斷特徵的這段外型，外徑特徵的目的主要是移除大部分材料，並車削出我們需要的外型。	外徑粗車 內徑精車 螺紋
內徑特徵	與外徑特徵類似，內徑特徵通常是指從面特徵到切斷特徵，或者孔底徑的這段距離。但與外徑特徵不同的地方在於，內徑特徵受限於空間限制，刀把的方向及退刀的形式都不同。	搪孔粗加工 搪孔精加工 中心鑽 / 鑽孔 螺絲攻 / 螺紋車削
矩形溝槽特徵	根據外型的不同，您可以至加工技術資料庫訂定不同的加工刀具及加工計劃。 切根據位置的不同又可以分為外徑溝槽、內徑溝槽及端面溝槽。而位置的不同會導致刀把及刀把方向的不同。	溝槽粗加工 溝槽精加工
半圓頭溝槽特徵		
一般溝槽特徵		

特徵類型	說明	對應的加工計劃
切斷特徵	當您需要將車削完的工件截斷，您可以指定切斷特徵來切斷您的工件。而切斷特徵的定義，通常是選擇與面特徵相反側的垂直邊線。而切斷特徵亦可作為第二工程的面特徵。請至切斷特徵上按滑鼠右鍵，並選擇轉換為面特徵，即可將其設為第二工程的面特徵了。	

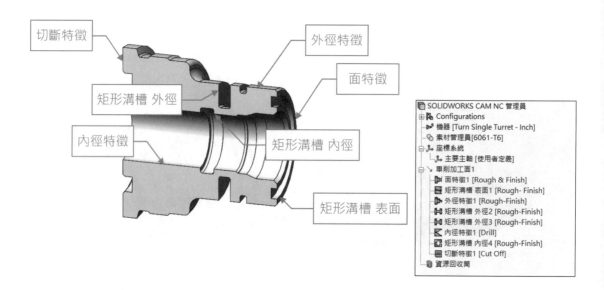

STEP 8 定義加工特徵

在此範例中，我們將使用自動特徵辨識（AFR）的方式來提取加工特徵。

請至 CommandManager 點選**提取加工特徵**。

軟體會根據此零件的外觀幾何，自動分析加工方向及特徵，您可以注意到，因為素材的前端有因偏移產生的肉厚，因此第一個加工工序為面特徵。

> 提示　當您定義素材類型為圓棒素材，只會產生一個車削加工方向，並且所有的加工特徵會在此車削方向加工完成。這是因為在 SOLIDWORKS CAM 車床模組中，僅支援單主軸單刀塔的車床。

STEP 9 確認提取特徵

特徵提取完畢之後，確認提取後的結果是否如下圖所示，且您可以注意到，外徑的輪廓不包含兩個矩形溝槽。

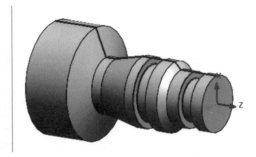

技巧

如果特徵的亮顯無法明顯的看到，您可以到 SOLIDWORKS CAM 選項，針對顯示設定中的高亮度顯示進行顏色的編輯，將其調整成您喜好的顏色。或者您可以透過下方線寬的調整，將其加粗或縮小。

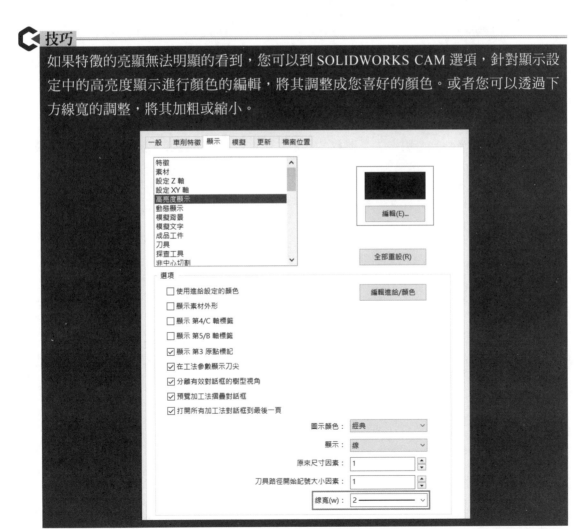

STEP 10 產生加工計劃

加工計劃的目的，主要是規劃針對特徵該如何進行加工以及 NC 碼如何輸出，當您點選產生加工計劃的時候，軟體會根據加工技術資料庫的資料，針對每一個特徵，產生對應的加工計劃。

請至 CommandManager 點選**產生加工計劃**，則畫面將自動切換至 SOLIDWORKS CAM 加工計劃管理員，並且所產生的加工計劃會如右圖所示。

STEP 11 修改加工參數

每一個加工參數都會影響刀具路徑的規劃及 NC 碼輸出的結果，因此修改加工參數使其達到最安全最有效率的加工，將會是我們最重要的課題。

請至粗車 1 上按滑鼠右鍵，並選擇編輯定義。此時**加工參數**的對話框將會自動開啟。

請將畫面切換至**粗車削**的分頁。

輪廓參數：將**第一刀切削量**調整為 0.15in。

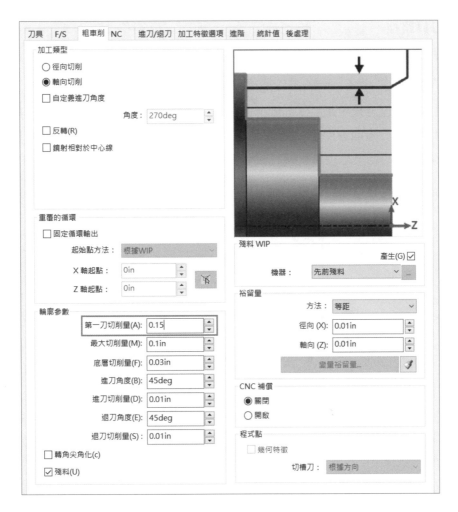

點選**確定**。

於 CommandManager 點
選**產生刀具路徑**。

如右圖所示,刀具路徑將
會自動產生。

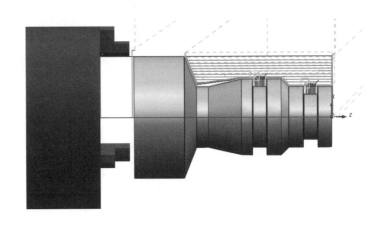

◆ 模擬刀具路徑

SOLIDWORKS CAM 提供了模擬刀具路徑的功能，以模擬素材經由刀片車削之後得到的結果。

在產生刀具路徑之後，請至 CommandManager 點選**模擬刀具路徑**，此時模擬刀具路徑的對話框將會顯示於畫面左手邊。透過下方參數的設定，您可以觀看如何從素材車削至成品。並確認加工後的結果是否產生殘料或者過切，甚至包含刀片及夾頭是否產生碰撞。

下圖為模擬刀具路徑的對話框，而其中常見的功能如下圖所示。

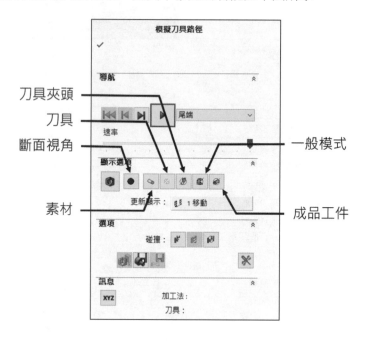

STEP 13 模擬刀具路徑

模擬刀具路徑將顯示素材車削後的形狀，並確認是否會與夾具發生碰撞。

請至 CommandManager 點選**模擬刀具路徑**。

點選**執行**。

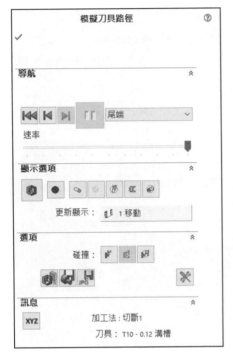

點選**確定**並關閉模擬。

STEP 14 後處理程序

輸出 NC 碼的最後一個步驟，就是點選後處理程序，並輸出 NC 碼。在此步驟中，我們將對各種不同樣式的機器與控制器，輸出對應的 NC 碼，確保程式在輸出之後能在機器上實際的運作。

而輸出後處理時，您可以根據需求，看是針對單一加工計劃輸出，或者針對全部的加工計劃一起輸出。這將取決於您在 SOLIDWORKS CAM 加工計劃管理員中，針對選取樹狀結構的位置及階層。

點選**後處理程式**，並指定儲存位置，將 NC 碼儲存於此，如下圖所示。

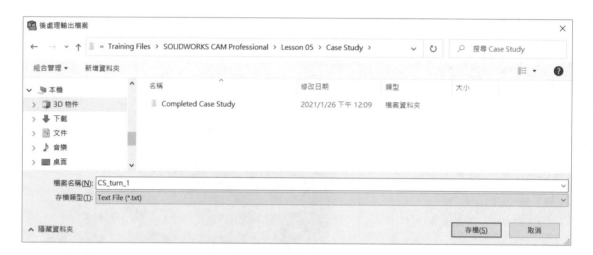

點選**存檔**。後處理的對話框將會自動開啟。

點選**開始模擬**。

再將**選項**展開,並勾選**開啟 G 碼檔於** SOLIDWORKS CAM NC 編輯器。

點選**確定**。

如下圖所示,程式碼將會顯示於 SOLIDWORKS CAM NC Editor 中。

關閉編輯器。

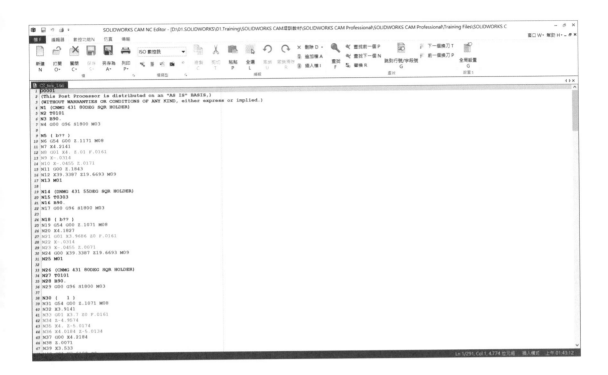

STEP 15 儲存並關閉檔案

5.4 範例練習：交互式特徵辨識

在此範例中，我們將練習使用手動的方式建立一個車床的加工特徵，並針對此特徵產生加工計劃、刀具路徑及模擬。

STEP 1 開啟檔案

請至範例資料夾 Lesson 05\Case Study，並開啟檔案「CS_turn_2.sldprt」。在此範例中，機器、素材、座標系統及車削加工面皆已設定完畢了。

5.4.1 建立車床特徵

您可以在車削加工面上按滑鼠右鍵，並選擇車削特徵。使用交互式的方式來為此零件建立車床特徵。

建立車削特徵包含了以下參數：

- **特徵**：用於定義特徵的類型、位置及對應的加工策略。

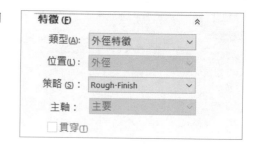

- **從…定義**：根據零件外型的不同，您可以在工件輪廓方法上選擇使用平端面或旋轉端面。

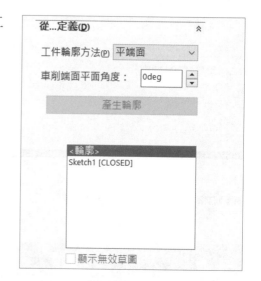

當我們選擇使用**平端面**的方式來產生加工特徵時，工件的外型輪廓，是根據零件的剖面決定的。

而剖切的面一般來說，會使用此零件的 XZ 平面來進行剖切。

而任何沒有被此平面剖切過的特徵，將會被忽略，因此如果您的零件像畫面當中的圓柱體一樣，在 XZ 平面之外的某處，有一突起的特徵，或者 XY 的平面上，剛好有一個孔通過時，如果只使用平端面的方式，這些特徵將會被忽略或誤判。

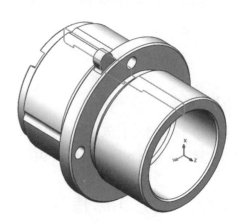

因此您可以透過下方車削端面平面角度的選項，並點選產生輪廓，確保軟體能擷取出此零件完整的斷面輪廓。一旦新的輪廓建立後，您可以選取此零件的輪廓線或者是面，以建立車床特徵。

您也可以透過**旋轉端面**的方式，軟體會自動模擬此零件旋轉後的幾何外型，並且利用此外型產生斷面輪廓。

使用此方法所得到的斷面，是根據旋轉的結果所產生的。因此無論您使用任何角度去剖切此零件，所得到的斷面輪廓都會是相同的。對於同時具有銑削和車削特徵的零件，此方法能確保我們獲得完整的輪廓。

然而若您在一個具有複雜外觀的零組件上使用旋轉端面的方法時，第一次執行旋轉端面，將會耗費大量的系統資源。

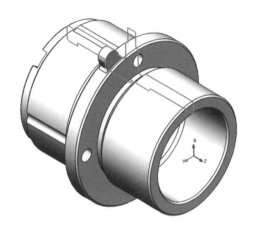

技巧

為了確保當您使用自動特徵辨識的時候，軟體會使用旋轉端面來辨識加工特徵而非平端面，您可以至 SOLIDWORKS CAM 選項，在**車削特徵**分頁中的**自動辨識可加工特徵**上，將**方法**選為旋轉端面。

- **使用者定義草圖（開放或封閉的輪廓）**：除了上述方法之外，草圖也能作為特徵使用，而軟體判定可以做為特徵的草圖將會羅列於可用的草圖清單之中。而草圖的類型則支援了開放或封閉的輪廓。而其對應的類型為 [OPEN] 或 [CLOSED] 將會顯示於草圖的名字旁邊。

當您選擇一個**開放**的輪廓作為加工特徵，則所有的線段將會被視為加工特徵，您無法挑選局部線段作為特徵。而開放的草圖不應該延伸超過旋轉軸。

當您選擇一個**封閉**的輪廓作為加工特徵，則您必須逐一透過手動的方式或者窗選的方式，選擇您要加工的線段。而封閉的輪廓您只能選擇其中一邊的線段作為外徑或者內徑特徵，千萬不可以選擇全部使其成為一個迴圈。

- **已選物件**：已選物件會顯示您已選擇作為特徵的邊線或面。

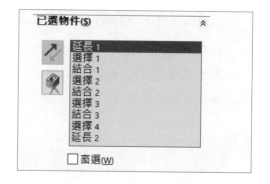

- **延長 1 及延長 2**：一般來說，素材通常會大於我們的 3D 模型，但我們在擷取斷面的時候是根據您的 3D 模型，因此如何延伸特徵長度使其超過素材，就是一個重要的課題了。延長 1 及延長 2 主要考慮的點有兩個：

  ■ 當開始加工的時候，車刀如何接近工件。

  ■ 當結束加工的時候，車刀如何離開工件。

  設定特徵的延長是非常重要的，當我們在進行車削的過程當中，我們會設定進刀的長

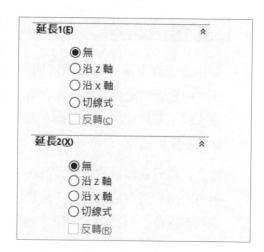

度，確保刀具在接近工件的時候不會發生碰撞，且路徑該如何走，才能在進刀時走的平順且不產生接痕。退刀也是相同，延長 2 能確保我們能以一個較平順或者安全的方式離開工件表面，並能完整將素材切除。而在粗車的加工計劃當中，如果您使用了車削循環來車削工件的外型，那麼延伸 1 及延伸 2 會影響到起點跟終點的座標點。

- **連結**：如果您在選擇特徵的線段時，選擇了兩個不相鄰的線段，那麼您必須選擇如何連結此兩線段。

  - 鏈結：當您選擇鏈結時，軟體會自動選擇兩線段之間所有的線段。

  - 直進式：當您選擇直進式時，軟體會將第一個線段的終點及第二個線段的起點，用一條直線連接起來。

  - 沿 Z 軸：當您選擇沿 Z 軸時，軟體會從第一個線段的終點，以 Z 軸的負方向移動，直到對齊第二個線段的 Z 座標，再往 X 方向移動。

  - 沿 X 軸：當您選擇沿 X 軸時，軟體會從第一個線段的終點，以 X 軸的方向移動，直到對齊第二個線段的 X 座標，再往 Z 負方向移動。

  - 切線式：當您選擇切線式時，軟體會自動插入兩個線段，其中第一個線段會與起始的線段相切，而第二個線段會與結束的線段平行於 X 或 Z 軸方向，端看結束線段的方向而決定。

    請注意，當您的輪廓草圖為開放的輪廓，不支援上述連結方式。

- **訊息**：當您選擇了草圖或者輪廓作為特徵時，訊息的視窗會顯示當前相關的訊息。

STEP 2　建立面特徵

請將畫面切換至 SOLIDWORKS CAM 加工特徵管理員，在車削加工面 1 上按滑鼠右鍵，並選擇**車削特徵**。

特徵類型：選擇**面特徵**。

策略：選擇 **Rough & Finish**。

在已選物件的欄位中,選擇右側端面作為面特徵。

 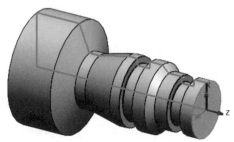

點選確定。

STEP 3 建立外徑特徵

請至車削加工面 1 上按滑鼠右鍵,並選擇車削特徵。

特徵類型:選擇外徑特徵。

策略:選擇 Rough & Finish。

在已選物件的欄位中,選擇右側圓柱面及溝槽左側的圓柱面。

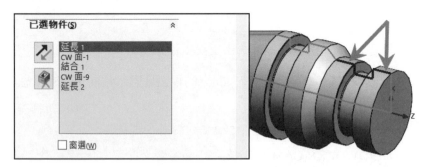

請注意,由於預設的連結為鏈結,因此軟體會自動將兩線段之間的所有線段一併選取。

在**已選物件**欄位中，選擇結合 1，接著在下方**連結→終止 1**：選擇**直進式**。

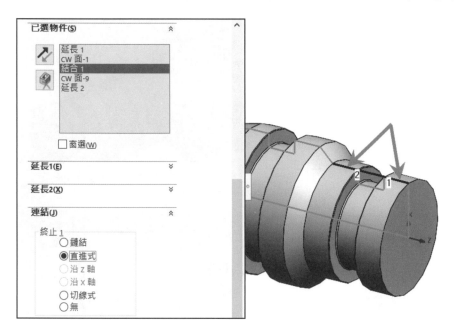

請注意，修改完連結方式之後，軟體會改走直線的方式，進而避開溝槽。

重複上述動作，針對第二個溝槽，選擇其右側及左側的圓柱面。

在**已選物件**欄位中，選擇結合 3，接著在下方**連結→終止 1**：選擇**直進式**。

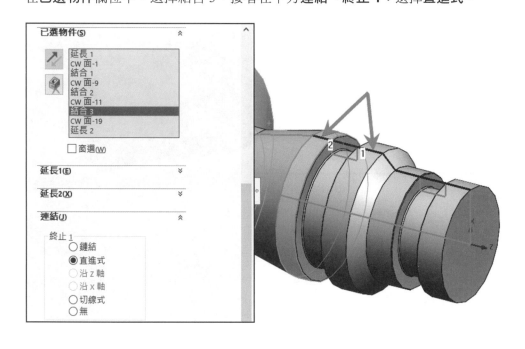

最後，選擇最末端的兩個圓柱面，並完成外徑特徵的建立。

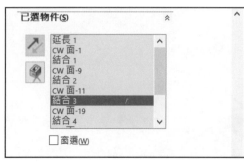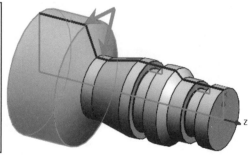

點選**確定**。

STEP 4 建立矩形溝槽特徵

請至車削加工面 1 上按滑鼠右鍵，並選擇**車削特徵**。

特徵類型：選擇**矩形溝槽**特徵。

位置：選擇**外徑**。

策略：選擇 **Rough & Finish**。

在**已選物件**的欄位中，將溝槽的所有面（包含倒角及圓角）特徵選擇起來。

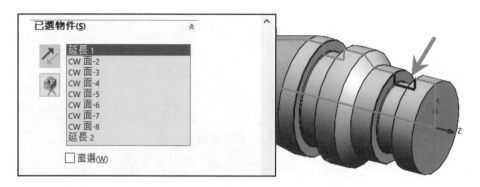

點選**確定**。

技巧

使用**窗選**來快速選擇溝槽特徵。

重複上述動作,並建立第二個溝槽特徵。

STEP **5** 建立切斷特徵

請至車削加工面 1 上按滑鼠右鍵,並選擇**車削特徵**。

特徵類型:選擇**切斷特徵**。

策略:選擇 **Cut Off**。

在**已選物件**的欄位中,選擇此零件最末端的面作為切斷特徵。

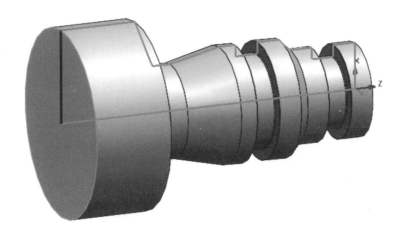

點選**確定**。

STEP 6 產生加工計劃

請至 CommandManager 點選**產生加工計劃**。

您可以將滑鼠移到每個加工計劃的上方，此時在畫面的右側會顯示其要車削的外型輪廓。

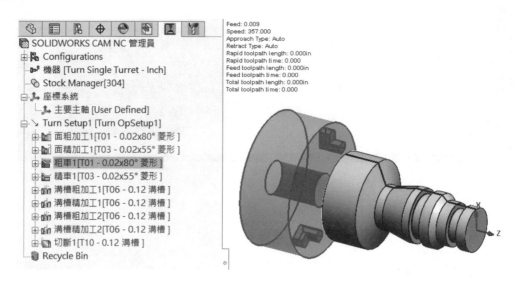

STEP 7 修改加工計劃

請至粗車 1 上按滑鼠右鍵，並選擇編輯定義。此時**工法參數**的對話框將會自動開啟。

請將畫面切換至**粗車削**的分頁。

輪廓參數：將**第一刀切削量**調整為 0.15in。

點選**確定**。

STEP 8 產生刀具路徑

請至 CommandManager 點選**產生刀具路徑**。

透過滑鼠選擇加工計劃，並確認每一把車刀是否如預期進行車削。

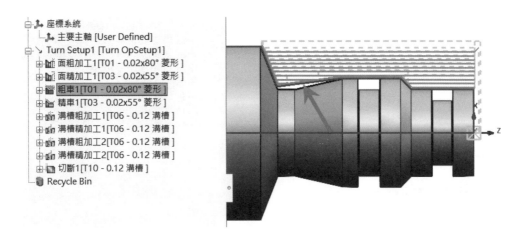

您可以注意到，在產生完刀具路徑之後，圓錐的部分仍會有些許殘料無法車削。這是因為考量到刀片的角度會與工件產生干涉，因此軟體僅會計算能車削的範圍。

STEP 9　手動加入粗車削

雖然使用精車削或許可以將剩餘的殘料清除，但過多的殘料或不均厚的殘料，都有可能導致刀片斷裂。因此在精加工之前，我們先手動加入一把粗車削來移除剩餘殘料。

請至粗車削 1 上按滑鼠右鍵，並選擇**車削加工→粗車**。

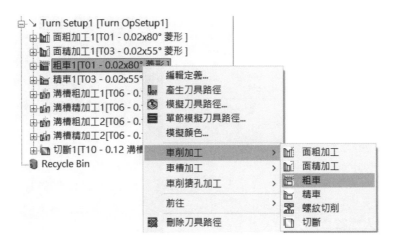

刀具：選擇 T03-0.02x55° 菱形。

再切換至**加工法**的分頁。

選項：取消勾選**建立時編輯加工法**。

點選**確定**。

請至剛剛所產生的粗車削 2 上按滑鼠右鍵,並
選擇產生刀具路徑。

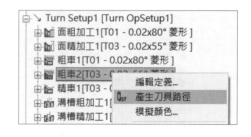

STEP 10 當執行模擬時顯示座標系統

點選**模擬刀具路徑**。

點選**選項**。

顯示:勾選**在訊息視窗顯示切削刀具座標**。

點選**是**,並重新執行模擬。

點選**執行**。

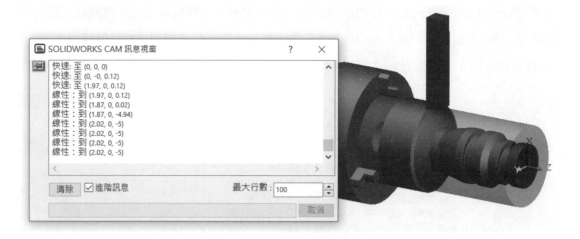

點選**確定**並關閉模擬。

STEP 11 加入螺紋車削

請至 SOLIDWORKS CAM 加工特
徵管理員,再外徑特徵 1 上按滑鼠右
鍵,並選擇**車削特徵**。

特徵類型:選擇**外徑特徵**。

策略:選擇 **Thread**。

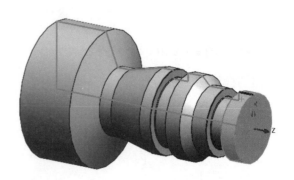

在**已選物件**欄位中,選擇最右側圓柱面作為外徑特徵。

點選**確定**。

您可以注意到,外徑特徵 2 將會建立於外徑特徵 1 之下。

STEP 12 抑制螺紋特徵

特徵可以藉由抑制及解除抑制來開啟及關閉加
工計劃及刀具路徑。

請至外徑特徵 2 上按滑鼠右鍵,並選擇**抑制**。

STEP 13 儲存並關閉檔案

練習 5-1 建立車削加工

藉此範例，練習如何使用自動特徵辨識（AFR）的方式建立車削特徵，並產生加工計劃及刀具路徑。

操作步驟

透過自動特徵辨識（AFR），以定義車削特徵、加工計劃及刀具路徑。

STEP 1　開啟檔案

請至範例資料夾 Lesson 05\Exercises，並開啟檔案「EX_turn_p1.sldprt」。

STEP 2　定義機器

請將畫面切換至 SOLIDWORKS CAM 加工特徵管理員，在機器上按滑鼠右鍵，並選擇編輯定義。再到**機器**的分頁，選擇**車床**下的 Turn Single Turret-Metric，作為啟用的機器。

STEP 3　選擇刀塔

請將畫面切換至**刀塔**的分頁，選擇 Tool Crib 2 Rear(Metric)，作為**啟用的刀塔**。

STEP 4　選擇後處理程序

請將畫面切換至**後處理程序**的分頁，選擇 T2AXIS-TUTORIAL，作為**啟用的後處理程序**。

再將畫面切換至**後處理**的分頁，於 Program number 欄位輸入 1001。

STEP 5　定義主軸座標系統

請將畫面切換至**加工面**的分頁。

在**主軸座標系統**中點選**使用者定義**，選擇**工件頂點**作為**原點**。

確認 X、Z 方向如下圖所示。

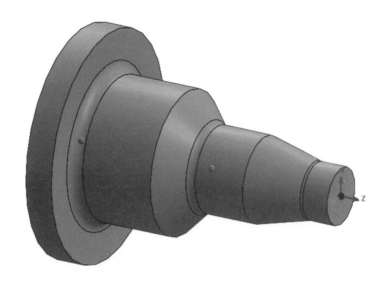

點選**確定**。

STEP **6** 定義卡盤 / 夾具

請將畫面切換至**卡盤 / 夾具**的分頁。

根據以下條件，設定**主軸信息**：

- **形狀**：標準。

- **名稱**：200mm_2Step_Chuck。

- **方向角度**：0 度。

設定**卡盤 / 夾具展示**：透明。

STEP **7** 定義素材

請至**素材管理員**上按滑鼠右鍵，並選擇編輯定義。

材質：選擇 6061-T6。

素材類型：選擇圓棒素材。

策略：選擇實體。

根據以下條件，設定圓棒素材參數：

- **外部直徑**：200mm。

- **素材長度**：300mm。

  根據以下條件，設定偏移參數：

- **素材正面偏移**：5mm。

- **素材背面偏移**：45mm。

  點選**確定**。

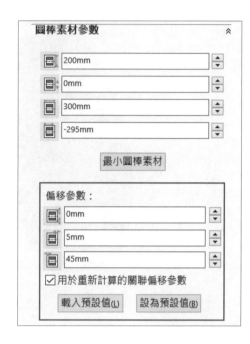

STEP 8 定義車削特徵

請至 CommandManager 點選**提取加工特徵**。

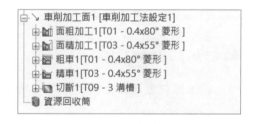

STEP 9 產生加工計劃

請至 CommandManager 點選**產生加工計劃**。

STEP 10 修改加工參數

請至粗車 1 上按滑鼠右鍵，並選擇編輯定義。

在**裕留量**的欄位中，設定 **X 軸**及 **Z 軸**方向裕留量為 1.5mm。

STEP **11** 產生刀具路徑

請至 CommandManager 點選**產生刀具路徑**。

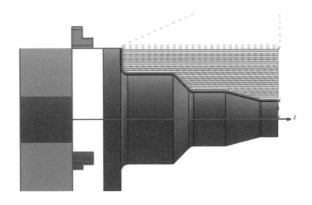

STEP **12** 模擬刀具路徑

模擬刀具路徑並檢視刀具路徑移動，及確認最終結果形狀是否與成品吻合。以及確認是否會與卡盤/夾具發生碰撞。

請至 CommandManager 點選**模擬刀具路徑**。

點選**執行**。

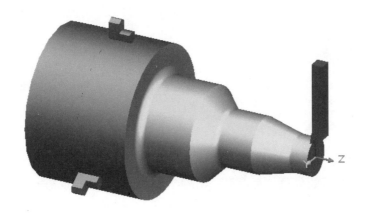

點選**確定**並關閉模擬。

STEP **13** 後處理程序

請至 CommandManager 點選**後處理**。

此時檔案總管會自動開啟，請選擇指定儲存位置，並輸出儲存的檔名。

點選**存檔**。後處理的對話框將會自動開啟。

點選**開始模擬**。

再將**選項**展開，並勾選**開啟 G 碼檔於** SOLIDWORKS CAM NC 編輯器。

點選**確定**。

輸出後的程式碼將會顯示於 SOLIDWORKS CAM NC 編輯器中。

關閉編輯器。

STEP 14 儲存並關閉檔案

練習 5-2 交互式建立車削加工

藉此範例，練習如何使用交互式的方式建立車削特徵，並產生加工計劃及刀具路徑。

操作步驟

透過交互式特徵辨識（IFR），以定義車削特徵、加工計劃及刀具路徑。

STEP 1 開啟檔案

請至範例資料夾 Lesson 05\Exercises，並開啟檔案「EX_turn_p2.sldprt」。

STEP 2 定義機器

請將畫面切換至 SOLIDWORKS CAM 加工特徵管理員，在機器上按滑鼠右鍵，並選擇編輯定義。再到**機器**的分頁，選擇**車床**下的 Tool Crib 2 Rear(Inch)，作為使用的機器。

STEP 3 選擇刀塔

請將畫面切換至**刀塔**的分頁，選擇 Tool Crib 2 Rear(Metric)，作為**啟用的刀塔**。

STEP 4 選擇後處理程序

請將畫面切換至**後處理程序**的分頁,選擇 T2AXIS-TUTORIAL,作為**啟用的後處理程序**。

再將畫面切換至**後處理**的分頁,於 Program number 欄位輸入 1002。

STEP 5 定義主軸座標系統

請將畫面切換至**加工面**的分頁。

在**主軸座標系統**中點選**使用者定義**,選擇**工件頂點**作為**原點**。

確認 X、Z 方向如下圖所示。

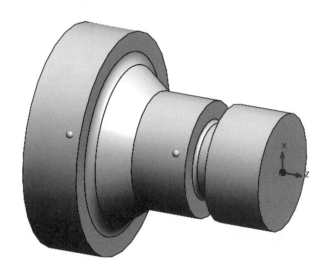

點選**確定**。

STEP 6 定義卡盤 / 夾具

請將畫面切換至**卡盤 / 夾具**的分頁。

根據以下條件,設定**主軸信息**:

- **形狀**:標準。

- **名稱**:6in_2Step_Chuck。

- **方向角度**:0 度。

  設定**卡盤 / 夾具展示**:透明。

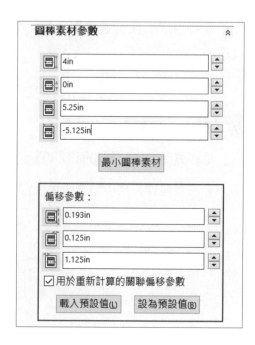

STEP 7 定義素材

請至**素材管理員**上按滑鼠右鍵，並選擇編輯定義。

材質：選擇 6061-T6。

素材類型：選擇圓棒素材。

策略：選擇實體。

根據以下條件，設定**圓棒素材參數**：

- **外部直徑**：4in。
- **素材長度**：5.25in。

根據以下條件，設定**偏移參數**：

- **素材正面偏移**：0.125in。
- **素材背面偏移**：1.125in。

點選**確定**。

STEP 8 建立車削加工面

請至**加工面**上按滑鼠右鍵，並選擇**車削加工面**。

確認 Z 軸正方向，是否如預期位於零件右側。

點選**確定**。

STEP 9 建立面特徵

在車削加工面 1 上按滑鼠右鍵，並選擇**車削特徵**。

特徵類型：選擇**面特徵**。

策略：選擇 **Rough & Finish**。

在**已選物件**的欄位中，選擇右側端面作為面特徵。

點選**確定**。

STEP **10** 建立外徑特徵

請至車削加工面 1 上按滑鼠右鍵,並選擇**車削特徵**。

特徵類型:選擇**外徑特徵**。

策略:選擇 **Rough-Finish**。

在**已選物件**的欄位中,選擇右側圓柱面及溝槽左側圓柱面。

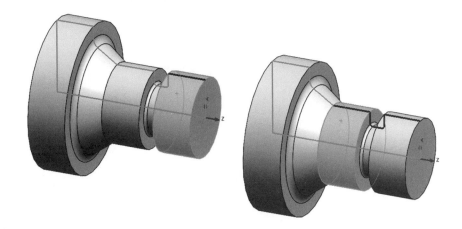

　　請注意,此時軟體會自動連結兩個線段中間所有的線段。

　　在**已選物件**欄位中,選擇結合 1,接著在下方**連結→終止 1**:選擇**直進式**。

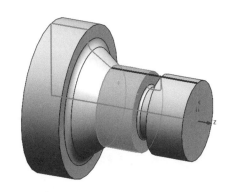

點選左側圓柱面。

點選**確定**。

STEP> **11** 建立矩形溝槽特徵

請至車削加工面 1 上按滑鼠右鍵,並選擇**車削特徵**。

特徵類型:選擇**矩形溝槽特徵**。

位置:選擇**外徑**。

策略:選擇 **Rough-Finish**。

在**已選物件**中勾選**窗選**。

並於畫面中將溝槽透過窗選的方式選取(包含圓角面)。

點選**確定**。

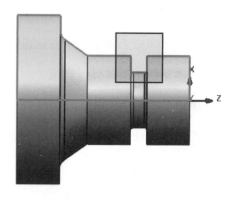

STEP> **12** 建立切斷特徵

請至車削加工面 1 上按滑鼠右鍵,並選擇**車削特徵**。

特徵類型:選擇**切斷特徵**。

策略:選擇 **Cut Off**。

在**已選物件**欄位中,選擇左側端面作為切斷特徵。

點選**確定**。

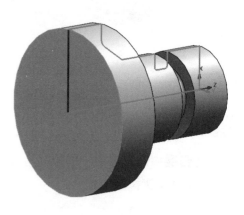

STEP> **13** 加入螺紋特徵

請至外徑特徵 1 上按滑鼠右鍵,並選擇**車削特徵**。

特徵類型:選擇**外徑特徵**。

策略:選擇 Thread。

在**已選物件**欄位中,選擇溝槽右側圓柱面作為外徑特徵。

點選**確定**。

您可以看到外徑特徵 2 將會建立於外徑特徵 1 之後。

STEP **14** 產生加工計劃

請至 CommandManager 點選**產生加工計劃**。

您可以將滑鼠移到每個加工計劃的上方，此時在
畫面的右側會顯示其要車削的外型輪廓。

```
車削加工面1 [車削加工法設定1]
    面粗加工1[T01 - 0.016x80° 菱形 ]
    面精加工1[T03 - 0.016x55° 菱形 ]
    組車1[T01 - 0.016x80° 菱形 ]
    精車1[T03 - 0.016x55° 菱形 ]
    螺紋1[T06 - 0.01x60° 螺紋 ]
    溝槽粗加工1[T07 - 0.118 溝槽 ]
    溝槽精加工1[T07 - 0.118 溝槽 ]
    切斷1[T10 - 0.118 溝槽 ]
    資源回收筒
```

STEP **15** 修改加工參數

請至螺紋 1 上按滑鼠右鍵，並選擇編輯定義。

請將畫面切換至**螺紋**的分頁。

點選**資料庫**，選擇螺紋規格 2-11 BSPP。

根據以下條件，設定**加工參數**：

起始長度：0in。

結束長度：0.1in。

點選**確定**。

	ID	Type	Designation	Pitch	EndPitch	DepthOfThread	ProcessMethod	Units	S
97	195	BSPP	1 1/4-11 BSPP	0.090900	0.000000	0.058200	1	2	1
98	197	BSPP	1 1/2-11 BSPP	0.090900	0.000000	0.058200	1	2	1
99	199	BSPP	2-11 BSPP	0.090900	0.000000	0.058200	1	2	1
100	201	BSPP	2 1/2-11 BSPP	0.090900	0.000000	0.058200	1	2	1
101	203	BSPP	3-11 BSPP	0.090900	0.000000	0.058200	1	2	1
102	205	BSPP	4-11 BSPP	0.090900	0.000000	0.058200	1	2	1
103	207	MC	M 1.0 X 0.25	0.009800	0.000000	0.006000	1	2	1
104	209	MC	M 1.1 X 0.25	0.009800	0.000000	0.006100	1	2	1

刀具資料庫 - Thread Condition (inches)

確定　　　取消

STEP **16** 重新排列加工順序

透過拖曳放置的方式，將螺紋 1 移至溝槽精加工 1 之後。

```
├─↘ 車削加工面1 [車削加工法設定1]
│  ├─▥ 面組加工1[T01 - 0.016x80° 菱形 ]
│  ├─▥ 面精加工1[T03 - 0.016x55° 菱形 ]
│  ├─▥ 粗車1[T01 - 0.016x80° 菱形 ]
│  ├─▥ 精車1[T03 - 0.016x55° 菱形 ]
│  ├─▥ 溝槽組加工1[T07 - 0.118 溝槽 ]
│  ├─▥ 溝槽精加工1[T07 - 0.118 溝槽 ]
│  ├─▥ 螺紋1[T06 - 0.01x60° 螺紋 ]
│  ├─▥ 切斷1[T10 - 0.118 溝槽 ]
└─▨ 資源回收筒
```

STEP **17** 產生刀具路徑

請至 CommandManager 點選**產生刀具路徑**。

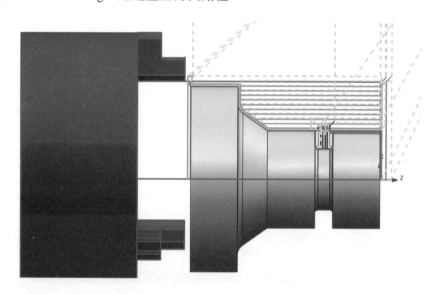

STEP **18** 當執行模擬時顯示座標系統

點選**模擬刀具路徑**。

點選**選項**。

顯示：勾選**在訊息視窗顯示切削刀具座標**。

點選**是**，並重新執行模擬。

點選**執行**。

點選**確定**並關閉模擬。

STEP **19** 儲存並關閉檔案

NOTE

夾具、內徑特徵及加工計劃

06

順利完成本章課程後,您將學會:

- 使用 **AFR** 的方式提取加工特徵
- 針對第二製程的車削,定義車削加工面及原點
- 建立外徑及內徑特徵
- 修改外徑及內徑特徵
- 定義夾具模型組態

6.1 工件輪廓方法

無論您是使用自動特徵辨識（AFR）的方式，或者是交互式（IFR）的方式來提取車床特徵。車床特徵是根據中心線及 XZ 平面作為剖切面來擷取外型輪廓，以作為車削特徵。而 SOLIDWORKS CAM 針對 AFR 提供了兩種剖面的方法：

- **旋轉端面**：若您工件的幾何外型都是以固定的外型輪廓，並繞著旋轉軸旋轉而成的，那麼您可以選擇使用平端面的方法來擷取您的斷面輪廓。倘若您的工件同時具備有車削及銑削特徵時，單純只靠平端面來擷取斷面是不夠的。當您選擇使用旋轉端面的方法時，軟體會模擬此零件外型旋轉後的外型輪廓，以便您得到正確的特徵輪廓。

- **平端面（預設）**：當您選擇使用平端面方法時，軟體預設會根據當前的 XZ 平面來作為輪廓的剖切面。在機器的選項，加工面的分頁中，您可以進一步選擇剖切的面是使用 XZ 平面，或者是使用者自定義的基準面。如果您的工件上有非旋轉填料所產生的特徵，且剖切面沒有剛好通過此特徵時，此特徵會被忽略，因此所擷取出來的斷面將會是不正確的斷面。此時您可以透過角度的旋轉，讓平面能通過此特徵，或者採用旋轉端面的方式，以便得到正確的特徵輪廓。

6.2 範例練習：利用平端面

在此範例中，我們將使用 AFR 的方式，針對此零件進行特徵的提取。

STEP 1 開啟檔案

請至範例資料夾 Lesson 06\Case Study，並開啟檔案「CS_turn_tab.sldprt」。

STEP 2 定義機器

請將畫面切換至 SOLIDWORKS CAM 加工特徵管理員，在機器上按滑鼠右鍵，並選擇編輯定義。再到**機器**的分頁，選擇**車床**下的 Turn Single Turret-Inch，作為使用的機器。

STEP 3 選擇刀塔

請將畫面切換至**刀塔**的分頁，選擇 Tool Crib 2 Rear(Inch)，作為**啟用的刀塔**。

STEP 4 選擇後處理程序

請將畫面切換至**後處理程序**的分頁，選擇 T2AXIS-TUTORIAL，作為**啟用的後處理程序**。

點選**確定**。

STEP 5 設定 AFR 選項

請至 CommandManager 點選 **SOLIDWORKS CAM 選項**，在**車削特徵**分頁中的**自動辨識可加工特徵**上，將方法選為**平端面**。

一般	車削特徵	顯示	模擬	更新	檔案位置

全部重設(R)

網面

　　不規則曲線精度(S)：　0.002in

自動辨識可加工特徵

　　方法(M)：　平端面

點選**確定**。

STEP 6 提取加工特徵

請至 CommandManager 點選**提取加工特徵**。

您會看到外徑特徵 1 將會自動加入至特徵管理員的樹狀結構下。

根據畫面上的亮顯，您可以注意到，辨識的車削特徵不包含凸出的幾何。

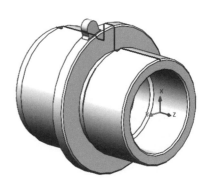

STEP▶ **7**　修改斷面平面

請至機器上按滑鼠右鍵，並選擇編輯定義。

在**加工面**分頁中的**車削特徵斷面平面**上，指定**角度**為 20 度。

點選**是**，並重新計算。

請至特徵管理員上選擇外徑特徵 1。

根據畫面上的亮顯，您可以注意到，現在辨識的車削特徵已包含了凸出的幾何。

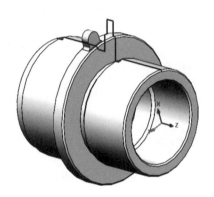

> 提示　當您使用交互式（IFR）的方式產生加工特徵時，您可以在建立特徵的時候，選擇剖切的面及調整剖切的角度。

STEP▶ **8**　不儲存並關閉檔案

6.2.1　雙面車削

一般來說車床零件都會遇到像這樣需要正反面夾持的雙面車削零件。在 SOLIDWORKS CAM 當中，若您的零件需要雙面車削，您可以在此零件的兩側建立加工面、加工特徵及加工計劃。

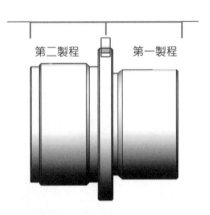

6.3 範例練習：雙面車削

在此範例中，我們將針對一個 SOLIDWORKS 零件，建立兩面加工的車削特徵。

STEP 1 開啟檔案

請至範例資料夾 Lesson 06\Case Study，並開啟檔案「CS_turn_IFR.sldprt」。

STEP 2 定義機器

請將畫面切換至 SOLIDWORKS CAM 加工特徵管理員，在機器上按滑鼠右鍵，並選擇編輯定義。再到**機器**的分頁，選擇**車床**下的 Turn Single Turret-Inch，作為使用的機器。

STEP 3 選擇刀塔

請將畫面切換至**刀塔**的分頁，選擇 Tool Crib 2 Rear(Inch)，作為**啟用的刀塔**。

STEP 4 選擇後處理程序

請將畫面切換至**後處理程序**的分頁，選擇 T2AXIS-TUTORIAL，作為**啟用的後處理程序**。

◆ **設置原點**

SOLIDWORKS CAM 針對車床零件，會偵測圓柱體的中心線，並將零件的一側定義為程式原點。

針對單一加工面來說，這樣的設定並沒有太大的問題，但今天如果您需要設置一個雙面加工的零件時，就必須為另一側的加工，建立一個新的程式原點。

STEP 5 設定零件原點

請將畫面切換至**加工面**的分頁。

您可以注意到，軟體預設的程式原點位於此零件的右側端面。當您加工此零件的右側時，這樣的設定是沒有問題的。

STEP 6 定義車削特徵斷面平面

在**加工面**分頁中的**車削特徵斷面平面**上，指定旋轉**角度**為 20 度。

點選**確定**。

STEP 7 定義素材

當您使用雙面車削時，您必須設定兩次車削加工面。且定義素材的時候，素材的長度必須超過此零件的兩側端面。在此範例中，我們使用旋轉草圖的方式來作為此零件的素材。

當您在設置夾爪的時候，必須要有素材的端面，作為夾爪承靠的基準，讓夾爪得以定位。這是雙面車削非常重要的一環。由於圓棒素材除了端面之外的另一側，具有無限邊長的概念，因此雙面加工的情況之下，不建議使用圓棒素材。

請至**素材管理員**上按滑鼠右鍵，並選擇編輯定義。

素材類型：選擇**從草圖旋轉**。

可用草圖：選擇草圖 **Stock**，作為素材。

點選**確定**。

STEP 8 設定 AFR 選項

請至 CommandManager 點選 **SOLIDWORKS CAM** 選項，在**車削特徵**分頁中的**自動辨識可加工特徵**上，將方法選為**平端面**。

點選**確定**。

STEP 9 提取加工特徵

請至 CommandManager 點選**提取加工特徵**。

您可以注意到，此時軟體會建立兩個加工面，並且針對兩個加工面可加工的特徵，將其歸納至其加工面下。

針對加工面 1，AFR 建立了一個外徑特徵 1 及一個內徑特徵 1。您可以注意到，這兩個特徵的長度，是從端面一路延伸至另一側端面。

在此我們將針對車削加工面 1 的外徑特徵 1 及內徑特徵 1 進行修改，使其在車削加工面 1 時，僅車削此零件右側。接著再針對車削加工面 2 新增外徑特徵及內徑特徵，使其在車削加工面 2 時，得以車削此零件左側。

STEP 10 修改車削加工面 1 外徑特徵

請至外徑特徵上按滑鼠右鍵，並選擇編輯定義。

在**已選物件**中勾選**窗選**。

透過窗選的方式選擇零件左側的邊線，以便將其從**已選物件**的清單中移除。

點選**確定**。

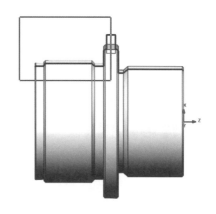

STEP 11 使用交互式的方式於車削加工面 2 新增外徑特徵

請至車削加工面 2 的面特徵 2 上按滑鼠右鍵，並選擇**車削特徵**。

特徵類型：選擇**外徑特徵**。

策略：選擇 **Rough-Finish**。

在**已選物件**中勾選**窗選**。

透過窗選的方式選擇所有您剛剛在外徑特徵 1 所窗選的邊線。

點選**確定**。

STEP 12 修改車削加工面 1 內徑特徵

請至內徑特徵 1 上按滑鼠右鍵，並選擇編輯定義。

策略：選擇 **Rough-Finish**。

在**已選物件**中勾選**窗選**。

透過窗選的方式選擇零件左側的邊線，以便將其從**已選物件**的清單中移除。

點選**確定**。

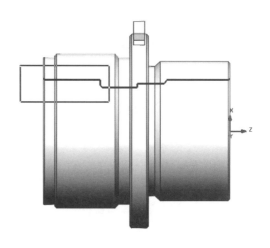

STEP 13 使用交互式的方式於車削加工面 2 新增內徑特徵

請至車削加工面 2 下的外徑特徵 2 上按滑鼠右鍵,並選擇**車削特徵**。

特徵類型:選擇**內徑特徵**。

策略:選擇 **Rough-Finish**。

在**已選物件**中勾選**窗選**。

透過窗選的方式選擇所有您剛剛在內徑特徵 1 所窗選的邊線。

點選**確定**。

STEP 14 移動溝槽特徵

對於矩形溝槽 內徑 1 的特徵,建議從零件的左側會比較容易加工,因此我們必須將溝槽特徵移動至車削加工面 2。

透過拖曳及放置的方式,將矩形溝槽 內徑 1 拖曳至車削加工面 2 的內徑特徵 2 之後。

STEP 15 修改車削原點

選擇車削加工面 1,並確認車削方向。

程式原點應位於零件的中心線上,並對齊零件的右側端面。

選擇車削加工面 2,並確認車削方向。

程式原點應位於零件的中心線上,並對齊零件的左側端面。

您可以注意到,車削加工面 2 預設的原點並沒有在左側端面上。

請至 SOLIDWORKS CAM 加工計劃管理員,在車削加工面 2 上按滑鼠右鍵,並選擇編輯定義。

再將畫面切換至**原點**的分頁,選擇工件頂點作為原點,並根據下圖選擇原點。

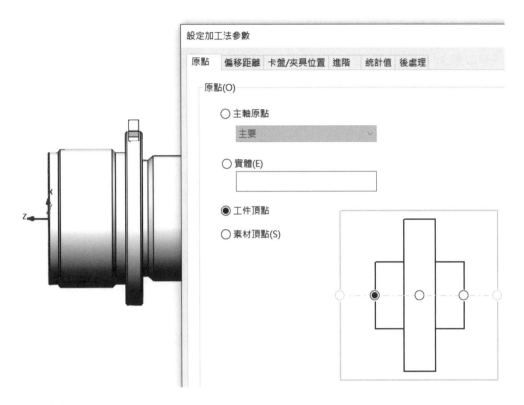

點選**確定**。

STEP **16** 產生加工計劃

請至 CommandManager 點選**產生
加工計劃**。

> 提示　如果車削加工面 1 沒有出
> 現搪孔粗加工及搪孔精加
> 工，那麼請回到特徵管理
> 員，針對內徑特徵 1，將
> 其加工策略修改為 Rough-
> Finish。

```
┌─🔧 車削加工面1 [車削加工法設定1]
│ ├─📊 面粗加工1[T01 - 0.0157x80° 菱形 ]
│ ├─📊 面精加工1[T03 - 0.0157x55° 菱形 ]
│ ├─📇 粗車1[T01 - 0.0157x80° 菱形 ]
│ ├─📇 精車1[T03 - 0.0157x55° 菱形 ]
│ ├─📐 鑽中心孔1[T05 - #3 x 60DEG#3 60DEG CENTERDRILL 鑽中心孔 ]
│ ├─📐 鑽頭(孔)1[T06 - 1.25x135° 鑽頭(孔) ]
│ ├─📋 搪孔粗加工1[T02 - 0.0157x80° 菱形 ]
│ └─📋 搪孔精加工1[T04 - 0.0157x55° 菱形 ]
├─🔧 車削加工面2 [車削加工法設定2]
│ ├─📊 面粗加工2[T01 - 0.0157x80° 菱形 ]
│ ├─📊 面精加工2[T03 - 0.0157x55° 菱形 ]
│ ├─📇 粗車2[T01 - 0.0157x80° 菱形 ]
│ ├─📇 精車2[T03 - 0.0157x55° 菱形 ]
│ ├─📐 鑽中心孔2[T05 - #3 x 60DEG#3 60DEG CENTERDRILL 鑽中心孔 ]
│ ├─📐 鑽頭(孔)2[T06 - 1.25x135° 鑽頭(孔) ]
│ ├─📋 搪孔粗加工2[T02 - 0.0157x80° 菱形 ]
│ ├─📋 搪孔精加工2[T04 - 0.0157x55° 菱形 ]
│ ├─📑 溝槽粗加工1[T07 - 0.118 溝槽 ]
│ └─📑 溝槽精加工1[T07 - 0.118 溝槽 ]
└─🗑 資源回收筒
```

STEP 17 修改鑽孔加工計劃

請至車削加工面 1 下的鑽頭（孔）1 按滑鼠右鍵，並選擇編輯定義。

請將畫面切換至**加工特徵**選項的分頁。點選選項**加工深度**複寫現有加工深度。

切削長度：5.2in。

勾選**加入刀尖長度**。

點選**確定**。

此舉將會修改加工深度，從原本的特徵深度變為 5.2+0.2589in。確保鑽頭完全貫穿。

STEP 18 刪除加工計劃

請至車削加工面 2 上複選鑽中心孔 2 及鑽頭 2，並按滑鼠右鍵選擇**刪除**。

因為在前一製程中，我們已經利用鑽孔 1 將零件貫穿，因此無須額外再鑽一次孔。

STEP 19 產生刀具路徑

請至 CommandManager 點選**產生刀具路徑**。

STEP 20 定義夾具

請至機器上按滑鼠右鍵，並選擇編輯定義，並切換至**卡盤 / 夾具**的分頁。

點選**編輯**。

可用卡盤：選擇 6in_2Step_Chuck，作為啟用的夾具。

夾爪參數：確認**長度**及**寬度**為 0.5in。

點選**確定**。

點選**確定**並關閉**機器**對話框。

請至**機器**上按滑鼠右鍵，並選擇**卡盤 / 夾具展示→沿邊線覆蓋**。

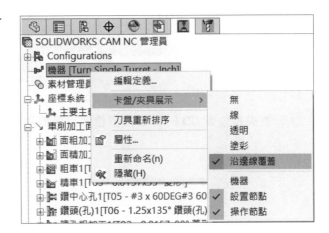

請至車削加工面 2 上按滑鼠右鍵，並選擇編輯定義。

請將畫面切換至**卡盤 / 夾具位置**的分頁。

您可以注意到，在畫面中呈現的外型輪廓，為已經車削後的外型輪廓。且代表夾持位置的三角形會顯示於畫面中，這些三角形表示當夾具夾持時，所承靠基準及直徑大小。

而在**夾持直徑 (X)** 的**為夾持直徑選擇實體**中，您可以看到預設的位置為**過程製品**。

在 SOLIDWORKS 的操作畫面當中，選擇水平的邊線或面來做為第二製程，即夾具夾持時，所夾持的外徑位置。

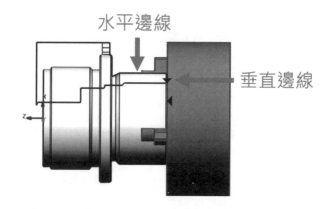

而在**夾持位置 (Z)** 的**為 Z 夾持位置選擇實體**中，您可以看到預設的位置為**過程製品**。

夾持位置 (Z)		
使用 (U)：上一步	夾爪的(O)：Back of Jaw	
過程製品	Z 軸偏移(Z)：0in	
卡盤/夾具面：-5in	夾爪表面：-4in	

在 SOLIDWORKS 的操作畫面當中，選擇垂直的邊線或面來做為第二製程，即夾具夾持時，所承靠的基準位置。

點選**確定**並儲存修改內容。

STEP 23 模擬刀具路徑

點選模擬刀具路徑並確認其結果。

顯示選項→斷面視角：二分之一，對檢視車削加工很有用。

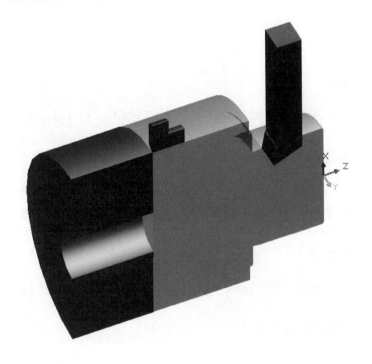

> **提示** 在執行刀具路徑模擬之後，您或許可以注意到，部分加工計劃的內容需要修改。而加工計劃內容的修改，我們將留在下一個章節進行詳盡的解說。

STEP 24 儲存並關閉檔案

練習 6-1 夾具、內徑特徵及外徑特徵

藉此範例，使用 AFR 及 IFR 的方式，針對此雙面車削的零件進行車削特徵的提取及產生刀具路徑。

操作步驟

STEP 1 開啟檔案

請至範例資料夾 Lesson 06\Exercises，並開啟檔案「EX_turn_double.sldprt」。

STEP 2 定義機器

請將畫面切換至 SOLIDWORKS CAM 加工特徵管理員，在機器上按滑鼠右鍵，並選擇編輯定義。再到**機器**的分頁，選擇**車床**下的 Turn Single Turret-Inch，作為使用的機器。

STEP 3 選擇刀塔

請將畫面切換至**刀塔**的分頁，選擇 Tool Crib 2 Rear(Metric)，作為**啟用的刀塔**。

STEP 4 選擇後處理程序

請將畫面切換至**後處理程序**的分頁，選擇 T2AXIS-TUTORIAL，作為**啟用的後處理程序**。

STEP 5 設定零件原點

在此範例中，我們將先車削零件的左側，再接續車削零件的右側。

請將畫面切換至**加工面**的分頁。

請注意，預設的原點位置，如畫面當中所呈現的，位於零件的右側。

主軸座標系統：選擇**使用者定義**。

方法：選擇 **SOLIDWORKS** 座標系統。

可用座標系統：選擇 **back**，並點選**確定**。

點選**確定**。

STEP **6** **定義素材**

請至**素材管理員**上按滑鼠右鍵，並選擇編輯定義。

素材類型：選擇**從草圖旋轉**。

可用草圖：選擇草圖 **Stock**，作為素材。

點選**確定**。

STEP **7** **提取加工特徵**

請至 CommandManager 點選**提取加工特徵**。

您可以注意到，AFR 特徵辨識會將此零件分為兩個
車削加工面進行車削。

AFR 特徵辨識建立了外徑特徵 1 及內徑特徵 1 於車
削加工面 1，您可以注意到，這兩個特徵的長度都是從端
面延伸到零件的最末端。

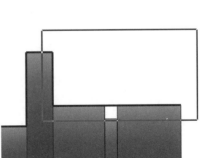

我們將修改外徑特徵 1 及內徑特徵 1 於車削加工面
1。讓零件的左半邊在車削加工面 1 的製程中車削完畢。並且我們將在車削加工面 2 建立新
的外徑及內徑特徵，讓它車削零件右半邊。

STEP **8** **於車削加工面 1 修改外徑特徵**

請至外徑特徵 1 上按滑鼠右鍵，並選擇編輯定義。

在**已選物件**中勾選**窗選**。

透過窗選的方式選擇零件右側的邊線，以便將其
從**已選物件**的清單中移除。

點選**確定**。

STEP▶ **9** 於車削加工面 2 建立外徑特徵

請至車削加工面 2 的面特徵上按滑鼠右鍵，並選
擇車削特徵。

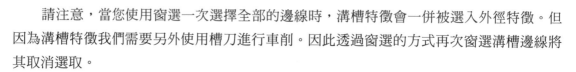

特徵類型：選擇**外徑特徵**。

策略：選擇 **Rough-Finish**。

在**已選物件**中勾選**窗選**。

透過窗選的方式選擇所有您剛剛在外徑特徵 1 所
窗選的邊線。

請注意，當您使用窗選一次選擇全部的邊線時，溝槽特徵會一併被選入外徑特徵。但
因為溝槽特徵我們需要另外使用槽刀進行車削。因此透過窗選的方式再次窗選溝槽邊線將
其取消選取。

在**已選物件**中，針對結合 1，選擇**直進式**做為**結合**的策略。

點選**確定**。

STEP▶ **10** 於車削加工面 **1** 修改內徑策略

請至內徑特徵 1 上按滑鼠右鍵，並選擇
編輯定義。

在**已選物件**中勾選**窗選**。

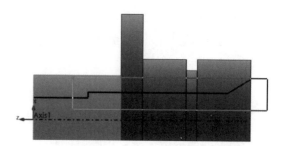

透過窗選的方式選擇零件的邊線，以便
將其從**已選物件**的清單中移除，如右圖所示。

點選**確定**。

STEP▶ **11** 於車削加工面 **2** 建立內徑特徵

請至車削加工面 2 下的外徑特徵 2 上按滑鼠右鍵，並選擇車削特徵。

特徵類型：選擇**內徑特徵**。

策略：選擇 **Rough-Finish**。

在**已選物件**中勾選**窗選**。

透過窗選的方式選擇所有您剛剛在內徑特徵 1 所窗選的邊線。（務必確認您沒有窗選到溝槽邊線）

點選**確定**。

於車削加工面 2 移除溝槽特徵

矩形溝槽特徵已經正確的在車削加工面 1 建立。

透過拖曳放置的方式，將其從車削加工面 1 移至外徑特徵 2 之後。

修改原點及方向

選擇車削加工面 1 並確認加工方向。

選擇車削加工面 2 並確認加工方向。

請注意車削加工面 2 的原點位置並不正確。

請至 SOLIDWORKS CAM 加工計劃管理員，在車削加工面 2 上按滑鼠右鍵，並選擇編輯定義。

再將畫面切換至**原點**的分頁，選擇工件頂點作為原點，並根據下圖選擇原點。

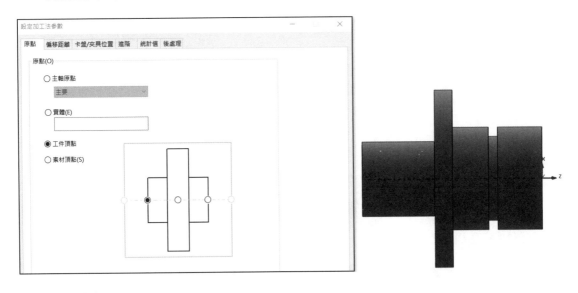

點選**確定**。

STEP 14 產生並編輯加工計劃

請至 CommandManager 點選**產生加工計劃**。

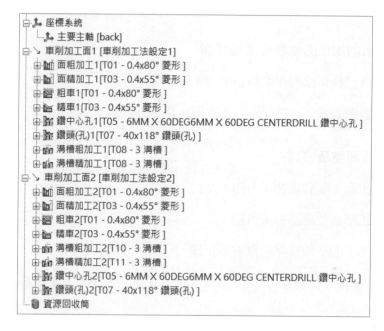

請至車削加工面 1 下的鑽孔 1（內徑特徵 1）按滑鼠右鍵，並選擇編輯定義。

請將畫面切換至**加工特徵**選項的分頁。

勾選**加入刀尖長度**。

點選選項**加工深度**，並手動指定**切削長度**：85mm。

點選**確定**。

請至車削加工面 2 下的鑽孔 2（內徑特徵 2）按滑鼠右鍵，並選擇編輯定義。

請將畫面切換至**加工特徵**選項的分頁。

勾選**加入刀尖長度**。

點選選項**加工深度**，並手動指定**切削長度**：150mm。

點選**確定**。

請至車削加工面 1 下的粗車 1（外徑特徵 1）按滑鼠右鍵，並選擇編輯定義。

請將畫面切換至**加工特徵**選項的分頁。

設定**終止長度**：1mm。

點選**確定**。

請至車削加工面 1 下的精車 1（外徑特徵 1）按滑鼠右鍵，並選擇編輯定義。

請將畫面切換至**加工特徵**選項的分頁。

設定**終止長度**：1mm。

點選**確定**。

STEP **15** 產生並模擬刀具路徑

請至 CommandManager 點選**產生刀具路徑**。

請至 CommandManager 點選**模擬刀具路徑**，並確認其最終結果。

C技巧

如果您的斷面視角使用完整的話，對於觀看內部的模擬會非常不方便。因此您可以於導航的欄位，將模擬設定為下一把刀具。當刀具為鑽頭或內徑車刀時，將斷面視角修改為二分之一剖面。

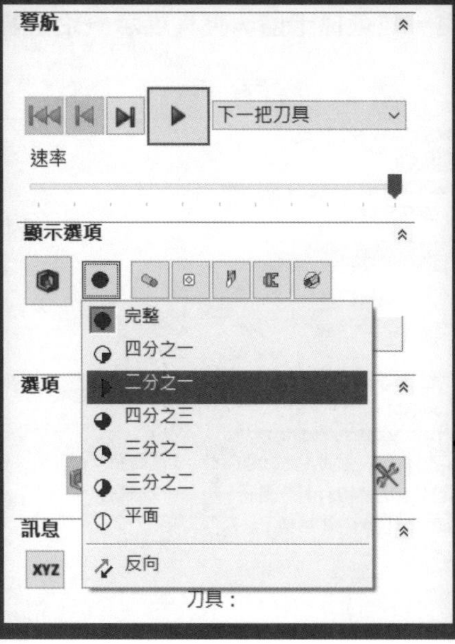

請注意，當您模擬溝槽粗加工 1、溝槽精加工 1、溝槽粗加工 2、溝槽精加工 2 時，軟體會警示您刀具與工件發生了碰撞。

根據以下條件，修改刀具資料（T08-3 溝槽 , T10-3 溝槽 and T11-3 溝槽）。

- 選擇**溝槽刀片**，並設定**長度**為 15mm。

- 選擇**搪孔刀柄**及**刀把**，並設定**夾持後伸出長度**為 12mm。

溝槽刀片	搪孔刀柄	刀塔
刀片 ID：1		
半徑 1 (R1)：0.2mm		
半徑 2 (R2)：0.2mm		
寬度(W) (W)：3mm		
長度 (L)：15mm		
厚度(T)：2.5mm		
陳角：0deg		

T08,T10,T11

刀位	溝槽刀片	搪孔刀柄	刀塔
形狀			
形狀 (S)：標準			
刀柄長度(L)：125mm			
直徑(D)：10mm			
引導角度(A)(LA)：0deg			
後陳角：0deg			
前陳角：0deg			
Z 鑲片刀偏移：0mm			
X 鑲片刀偏移：0mm			
夾持後伸出長度(P)：12mm			
手柄(H)：右旋			

T08

刀位	溝槽刀片	刀把	刀塔
形狀			
形狀 (S)：標準			
刀柄寬度(W)：25.4mm			
刀柄長度(L)：152.4mm			
引導角度(A)(LA)：0deg			
後陳角：0deg			
前陳角：0deg			
Z 鑲片刀偏移：0mm			
X 鑲片刀偏移：0mm			
夾持後伸出長度(P)：12mm			
手柄(H)：右旋			

T10,T11

STEP 16 夾爪顯示

請至**機器**上按滑鼠右鍵，並選擇**卡盤 / 夾具展示→沿邊線覆蓋**。

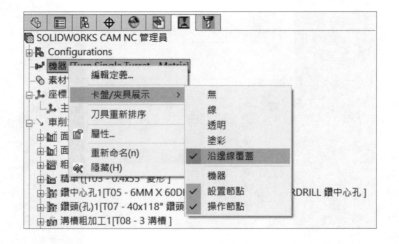

STEP **17** 設定夾具位置

請至 SOLIDWORKS CAM 加工計劃管理員，在車削加工面 2 上按滑鼠右鍵，並選擇編輯定義。

請將畫面切換至**卡盤 / 夾具**的分頁。

夾持位置：設定 **Z 軸偏移**為 -5mm。

點選**確定**並儲存修改。

STEP **18** 模擬刀具路徑

請至 CommandManager 點選**模擬刀具路徑**，並確認其最終結果。

STEP **19** 儲存並關閉檔案

NOTE

07

修改車床特徵及
加工參數

順利完成本章課程後，您將學會：

- 定義機器設定及轉速最高上限

- 使用 SOLIDWORKS 建立自定義夾具

- 定義車床特徵及加工計劃

- 轉速及進給設定

- 修改車床加工參數

- 修改夾具於素材上的夾持位置

- 手動編輯刀具路徑

7.1 範例練習：客製化夾具、外徑及螺紋特徵

在此範例中，我們將對一個零件進行車床加工的設定。在此之前我們將練習定義機器、素材、座標系統及車削加工面。接著使用交互式的方式建立車削特徵及加工計劃、修改加工參數，並產生刀具路徑。最後我們將手動修改刀具路徑。

STEP> 1　開啟檔案

請至範例資料夾 Lesson 07\Case Study，並開啟檔案「CS_turn_knob.sldprt」。在此範例中，機器及刀具皆已定義完成。

STEP> 2　定義機器

請將畫面切換至 SOLIDWORKS CAM 加工特徵管理員，在機器上按滑鼠右鍵，並選擇編輯定義。再到**刀塔**的分頁。

您可以注意到，在刀塔中已經定義好了六把刀具，並利用這六把刀具來加工此零件。

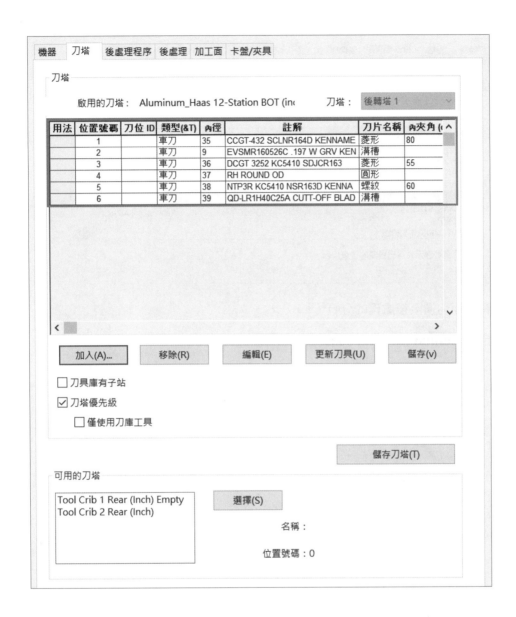

技巧

點選儲存刀塔，可以將目前的刀具配置應用在其他的零件上。

STEP 3　選擇後處理程序及定義主軸最高轉速

請將畫面切換至**後處理程序**的分頁，選擇 TURN\HAAS_ST20，作為**啟用的後處理程序**。

再將畫面切換至**後處理**的分頁。

設定 **Maximum RPM** 為 3000。

參數	值
Program number	5410
Material	
Z Preset Rear Main	12.00000"
X Preset Rear Main	7.50000"
Maximum RPM	3000

提示

參數 Maximum RPM 用於定義機器的最高轉速上限。當您使用 G96 的轉速方式，轉速會隨著車削直徑的變化控制器自動計算當下的轉速值，當車削的直徑越小，越靠近中心時，主軸的轉速會越快。因此 Maximum RPM 會輸出 G50，確保轉速不會超過最高上限。

而 Maximum RPM 是否呈現於 NC 碼中，格式為何？取決於後處理的撰寫及編排，您可以聯絡當地經銷商來取得適合您的後處理程序。

STEP **4**　定義夾具

請將畫面切換至**卡盤 / 夾具**的分頁。在**主軸信息**的**形狀**中，選擇**零件 / 組件**。

您可以在範例資料夾中，找到已經準備好的組件檔案 Haas 10in Chuck_Soft Jaws.
sldasm，並且於 Configurations 選擇 2.75 的組態。

點選**開啟**。

設定**卡盤 / 夾具**展示：**沿邊線覆蓋**。

點選**確定**。

STEP 5 定義素材

請將畫面切換至 SOLIDWORKS CAM 加工特徵管理員，在**素材管理員**上按滑鼠右鍵，並選擇編輯定義。

素材材質：選擇 6061-T4。

素材類型：選擇**從草圖旋轉**。並從下方**可用草圖**中，選擇草圖 ROD Sketch 作為素材。

策略：選擇 **Solid**。

點選**確定**。

STEP 6 定義座標系統

請至座標系統上按滑鼠右鍵，並選擇編輯定義。在**主軸座標系統**中點選**使用者定義**，選擇**工件頂點**作為**原點**。

確認 X、Z 方向如下圖所示。

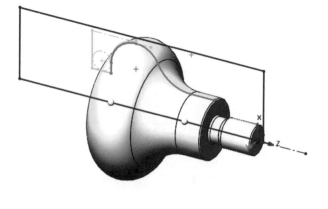

點選**確定**。

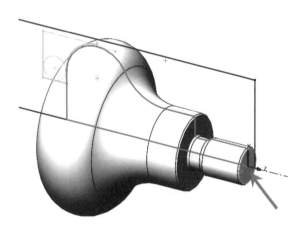

STEP 7 建立車削加工面

請至素材管理員上按滑鼠右鍵，在**加工面**分頁中，選擇**車削加工面**。

點選**確定**。

◆ **加工計劃**

針對此零件，我們將依序規劃 6 把刀具，以車削出我們需要的外型，依序為：

- T0101- 面精加工

- T0101- 外徑粗加工

- T0202- 溝槽粗加工

- T0303- 螺紋外徑精加工

- T0404- 外型輪廓精加工

- T0505-9/16-18 螺紋

- T0606- 切斷

STEP 8 建立面特徵

請至車削加工面 1 上按滑鼠右鍵，並選擇**車削特徵**。

　　特徵類型：選擇**面特徵**。

　　策略：選擇 **Rough-Finish**。

　　在**已選物件**的欄位中，選擇零件端面。

　　點選**確定**。

STEP **9** 建立外徑特徵

請至車削加工面 1 上按滑鼠右鍵，並選擇**車削特徵**。

特徵類型：選擇**外徑特徵**。

策略：選擇 **Rough-Finish**。

在**已選物件**的欄位中，選擇零件右側導角面，以及零件左側大圓弧面，連結的部分採預設值鏈結。

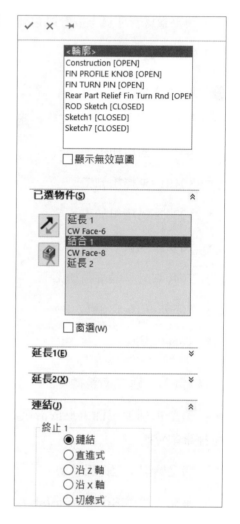

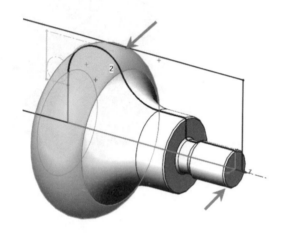

點選**確定**。

STEP **10** 產生加工計劃

請至面特徵 1 及外徑特徵 1 上按滑鼠右鍵，並選擇產生加工計劃。

每個特徵將會產生一個粗加工及一個精加工的加工計劃。**刪除**面粗車 1 及外徑精車 1。

提示 外徑的精車將留在後面的工序，並針對螺紋端的外徑進行精修。

STEP 11 修改面精加工

請至面精加工上按滑鼠右鍵，並選擇編輯定義。在**刀具**的分頁中將畫面切換至**刀塔**的分頁。

選擇 **1 號車刀**，並點選**選取**鈕。

	刀位	菱形刀片	刀把	刀塔		

轉塔：後轉塔 1

刀具

	用法	位置號碼	刀位 ID	類型(&T)	內徑	註解	刀 ^
選取(e)		1		車刀	35	CCGT-432 SCLNR164D KENNAME	菱
		2		車刀	9	EVSMR160526C .197 W GRV KEN	溝
		3		車刀	36	DCGT 3252 KC5410 SDJCR163	菱
		4		車刀	37	RH ROUND OD	圓
儲存(v)		5		車刀	38	NTP3R KC5410 NSR163D KENNA	螺
		6		車刀	39	QD-LR1H40C25A CUTT-OFF BLAD	溝
移除(M)	1	7		車刀	3	CNMG 431 80DEG SQR HOLDER	菱
	1	8		車刀	4	DNMG 431 55DEG SQR HOLDER	菱

請將畫面切換至 **F/S** 的分頁。

根據以下條件，設定**轉速及進給**。

- **定義由**：加工法。

- **模式**：轉速 / 分鐘。

- **主軸轉速**：2200rpm。

- **每轉進給 FPR**：0.016in/rev。

刀具	F/S	面精加工	NC	進刀/退刀	加工特徵選項	進階	統計值	後處理

定義由(i)：加工法 ▼ 　資料庫　　重設(R)

條件

素材材質 6061-T4 　　機器機能：Medium duty

主軸

模式：轉速/分鐘 ▼

面速度：1340.0000ft/min

主軸轉速 2200.0000rpm

方向：　◉ 順時針
　　　　○ 逆時針

覆寫主軸方向：☑

進給

每分鐘進給(FPM) ○ 35.2000in/min

每轉進給(FPR) ◉ 0.0160in/rev

請將畫面切換至**面精加工**的分頁。

根據以下條件，設定**輪廓參數**：

- **進刀角度**：0 度。

- **進刀切削量**：0.1in。

- **退刀角度**：90 度。

- **退刀切削量**：0in。

  再將畫面切換至 NC 的分頁。

根據以下條件，設定**途徑**：

- **徑向 (X)**：0in。

- **軸向 (Z)**：0in。

- **Z**：0.1in。

- 勾選**進刀速度快**。

- 取消勾選**增量**。

  根據以下條件，設定**間隙**：

- **策略**：方向。

- 勾選**挖鑿檢查**。

- **途徑**：自動。

根據以下條件，設定**提刀**：

* **策略**：先 Z 後 X。

* 勾選**挖鑿檢查**。

* **提刀至**：提刀點。

  根據以下條件，設定**提刀點**：

* **參考 X**：間隙 X。

* **偏移**：1.305in。

* **參考 Z**：設置原點。

* **偏移**：0.131in。

  點選**確定**。

STEP 12 修改外徑粗車削

請至粗車 1 上按滑鼠右鍵，並選擇編輯定義。在**刀具**的分頁中將畫面切換至**刀塔**的分頁。

選擇 **1 號車刀**，並點選**選取**鈕。

刀具							
用法	位置號碼	刀位 ID	類型(&T)	內徑	註解	刀
1	1		車刀	35	CCGT-432 SCLNR164D KENNAME	菱
	2		車刀	9	EVSMR160526C .197 W GRV KEN	淇
	3		車刀	36	DCGT 3252 KC5410 SDJCR163	菱
	4		車刀	37	RH ROUND OD	圓
	5		車刀	38	NTP3R KC5410 NSR163D KENNA	螺
	6		車刀	39	QD-LR1H40C25A CUTT-OFF BLAD	淇
1	7		車刀	3	CNMG 431 80DEG SQR HOLDER	菱
	8		車刀	4	DNMG 431 55DEG SQR HOLDER	菱

選取(e)　儲存(v)　移除(M)

請將畫面切換至 **F/S** 的分頁，根據以下條件，設定**轉速進給**：

* **定義由**：加工法。

* **模式**：SFM。

* **主軸轉速**：1550rpm。

* **每轉進給 FPR**：0.018in/rev。

請將畫面切換至**面精加工**的分頁,根據以下條件,設定**輪廓參數**:

- **第一刀切削量**:0.1in。

- **最大切削量**:0.1in。

- **底層切削量**:0in。

- **進刀角度**:0 度。

- **進刀切削量**:0.1in。

- **退刀角度**:90 度。

- **退刀切削量**:0in。

- 勾選**轉角尖角化**。

- 取消勾選**殘料**。

  根據以下條件,設定**裕留量**:

- **方法**:等距。

- **徑向 (X)**:0.03in。

- **軸向 (Z)**:0.005in。

請將畫面切換至 **NC** 的分頁，根據以下條件，設定**途徑**：

- **徑向 (X)**：0in。

- **軸向 (Z)**：0in。

- **Z**：0in。

- 取消勾選**進刀速度快**。

- 勾選**增量**。

  根據以下條件，設定**間隙**：

- **策略**：先 X 後 Z。

- 勾選**挖鑿檢查**。

- **途徑**：自動。

  點選**確定**。

STEP **13** 產生並模擬刀具路徑

針對面精加工 1 及粗車 1 產生刀具路徑。

執行模擬刀具路徑，並檢查結果。

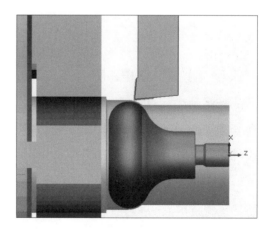

STEP **14** 卡盤 / 夾具位置

根據模擬顯示的結果，您可以看到成品的位置會太靠近夾具的端面，這將導致後續我們在使用切斷刀具進行切斷時，刀具的空間會不足，容易有發生碰撞的危險。

請至車削加工面 1 上按滑鼠右鍵，並選擇編輯定義。

請將畫面切換至**卡盤 / 夾具位置**。

夾持位置：Z 軸偏移 -0.25in。

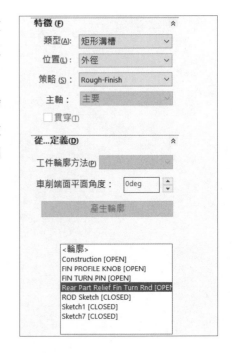

點選**確定**。

STEP **15** 建立溝槽特徵

在此零件的最左側，我們將建立一個溝槽特徵來移除部分的材料，以便後續我們有足夠的空間可以使用外徑車刀來精修此零件的外型。

在此範例中，我們將利用現有的草圖，作為溝槽特徵。請將畫面切換至 SOLIDWORKS CAM 加工特徵管理員。在車削加工面 1 上按滑鼠右鍵，並選擇**車削特徵**。

根據以下條件，設定**溝槽特徵**：

- **特徵類型**：矩形溝槽。

- **策略**：Rough-Finish。

- **從…定義**：草圖 Rear Part Relief Fin Turn Rnd。

點選**確定**。

STEP 16 建立溝槽加工策略

請至矩形溝槽 外徑 1 上按滑鼠右鍵,並選擇**產生加工計劃**。

溝槽粗加工 1 及溝槽精加工 1 將會建立於加工計劃管理員中。

刪除溝槽精加工 1。

STEP 17 修改溝槽加工參數

請至溝槽粗加工 1 上按滑鼠右鍵,並選擇編輯定義。在**刀具**的分頁中將畫面切換至**刀塔**的分頁。

選擇 **2 號車刀**。

再切換至**刀把**的分頁,並設定**刀柄寬度**為 0.157in。

請將畫面切換至 **F/S** 的分頁,根據以下條件,設定**轉速進給**:

- **定義由**:加工法。

- **模式**:SFM。

- **主軸轉速**:800pm。

- **每轉進給 FPR**:0.003in/rev。

請將畫面切換至**溝槽粗加工**的分頁。

順序：設定為 S321。

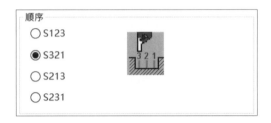

根據以下條件，設定**參數設定**：

- **等距進給**：0.125in。

- **進刀切削量**：0.01in。

- **退刀切削量**：0.01in。

參數設定	
等距進給(o)：	0.125in
進刀角度(A)：	45deg
進刀切削量(S)：	0.01in
退刀角度(B)：	45deg
退刀切削量(S)：	0.01in
開始啄削(鑽)進給量(K):	0.1in
次啄削(鑽)進給量(S):	0.05in
最小啄削(鑽)進給量(L):	0.05in
%平均啄削(鑽)進給量(e):	10
第一刀切削量(N):	0.1in
最大切削量(M):	0.1in
底層切削量(F):	0.05in

根據以下條件，設定**裕留量**：

- **方法**：等距。

- **徑向 (X)**：0.005in。

- **軸向 (Z)**：0.005in。

根據以下條件，設定**精修**：

- **清理軌跡**：完整溝槽。

- **前次加工裕留量**：0.005in。

- **切削量**：0.05in。

根據以下條件，設定**途徑**：

- **徑向 (X)**：0.05in。

- **軸向 (Z)**：0.05in。

- **Z**：0.05in。

- **進給區段**：0.05in。

- 取消勾選**進刀速度快**。

- 勾選**增量**。

根據以下條件，設定**間隙**：

- **策略**：方向。

- 勾選**挖鑿檢查**。

- **途徑**：自動。

提刀：勾選**返回刀具變更的首頁**。

點選**確定**。

STEP 18 產生並模擬刀具路徑

針對溝槽粗加工 1 產生刀具路徑。

執行模擬刀具路徑，並檢查結果。

STEP 19 取回精車 1 用於精車螺紋外徑

在先前的步驟中,我們刪除了精車 1,在此可以藉由取回的方式,取消精車 1 的刪除。並利用它精車螺紋外徑。

請將畫面切換至 SOLIDWORKS CAM 加工計劃管理員。展開 **Recycle bin** 的樹狀結構,在精車 1 上按滑鼠右鍵,並選擇取回。

透過拖曳放置的方式,將其放置於溝槽粗加工 1 之後。

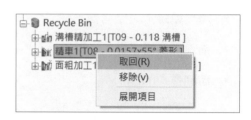

STEP 20 修改精車 1 加工參數

請至精車 1 上按滑鼠右鍵,並選擇編輯定義。在**刀具**的分頁中將畫面切換至刀塔的分頁。

選擇 **3 號車刀**。

請將畫面切換至 **F/S** 的分頁,根據以下條件,設定**轉速進給**:

- **定義由**:加工法。

- **模式**:SFM。

- **主軸轉速**:1800pm。

- **每轉進給 FPR**:0.016in/rev。

請將畫面切換至**精車削**的分頁，根據以下條件，設定**輪廓參數**：

- **進刀角度**：0 度。

- **進刀切削量**：0.1in。

- **退刀角度**：45 度。

- **退刀切削量**：0in。

- 勾選**轉角尖角化**。

- 勾選**殘料**。

請將畫面切換至 NC 的分頁，根據以下條件，設定**途徑**：

- **徑向 (X)**：0in。

- **軸向 (Z)**：0in。

- **Z**：0in。

- 取消勾選**進刀速度快**。

- 勾選**增量**。

根據以下條件，設定**間隙**：

- **策略**：方向。

- 勾選**挖鑿檢查**。

- **途徑**：自動。

根據以下條件，設定**提刀**：

- **策略**：先 Z 後 X。

- 勾選**挖鑿檢查**。

- **提刀至…**：自動。

請將畫面切換至**進階**的分頁，根據以下條件，設定 **Z 軸限制範圍**：

- **到**：自定義。

- **Z 軸結束點**：點選**選擇點**按鈕。

根據以下條件，設定 **Z 軸結束位置**：

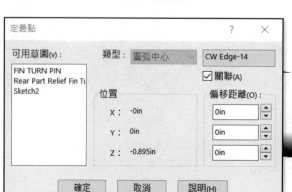

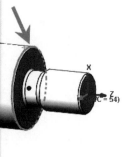

點選**確定**並儲存定義點。

點選**確定**。

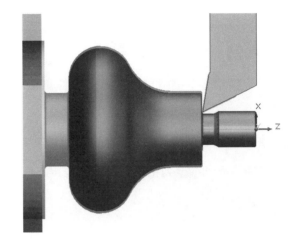

STEP **21 產生並模擬刀具路徑**

針對精車 1 產生刀具路徑。

執行模擬刀具路徑,並檢查結果。

STEP **22 建立外徑特徵並精車把手外型**

　　請將畫面切換至 SOLIDWORKS CAM 加工
特徵管理員,在車削加工面 1 上按滑鼠右鍵,並
選擇**車削特徵**。

特徵類型:選擇**外徑特徵**。

策略:選擇 **Rough-Finish**。

從…定義:草圖 FIN PROFILE KNOB。

特徵 (F)		⌃
類型(A):	外徑特徵	∨
位置(L):	外徑	∨
策略(S):	Rough-Finish	∨
主軸:	主要	∨
□ 貫穿(T)		

從…定義(D)		⌃
工件輪廓方法(P)		∨
車削端面平面角度:	0deg	▲▼
產生輪廓		

<輪廓>
Construction [OPEN]
FIN PROFILE KNOB [OPEN]
FIN TURN PIN [OPEN]
Rear Part Relief Fin Turn Rnd [OPEN
ROD Sketch [CLOSED]
Sketch1 [CLOSED]
Sketch7 [CLOSED]

□ 顯示無效草圖

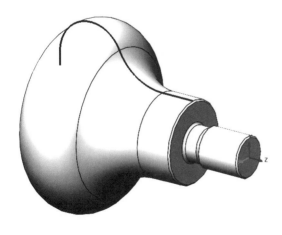

點選**確定**。

STEP 23 產生加工計劃

請至外徑特徵 2 上按滑鼠右鍵，並選擇**產生加工計劃**。

軟體將會自動為外徑特徵 2 產生加工計劃粗車 2 及精車 2。

刪除加工計劃粗車 2。

STEP 24 修改精車參數

請至精車 2 上按滑鼠右鍵，並選擇編輯定義。在**刀具**的分頁中將畫面切換至刀塔的分頁。

選擇 **4 號車刀**。

請將畫面切換至**刀把**的分頁，根據以下條件，設定**刀把**：

- **刀柄寬度**：0.157in。
- **刀柄長度**：6in。
- **引導角度**：0 度。

請將畫面切換至 **F/S** 的分頁，根據以下條件，設定**轉速及進給**：

- **定義由**：加工法。
- **模式**：SFM。
- **主軸轉速**：1800pm。
- **每轉進給 FPR**：0.016in/rev。

請將畫面切換至**精車削**的分頁，根據以下條件，設定**輪廓參數**：

- **進刀角度**：0 度。

- **進刀切削量**：0.03in。

- **退刀角度**：90 度。

- **退刀切削量**：0.005in。

- 取消勾選**轉角尖角化**。

- 勾選**殘料**。

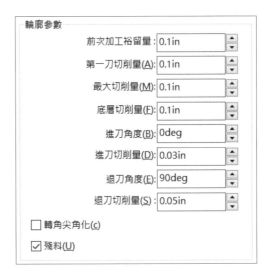

請將畫面切換至 **NC** 的分頁，根據以下條件，設定**途徑**：

- **徑向 (X)**：0in。

- **軸向 (Z)**：0in。

- **Z**：0in。

- 取消勾選**進刀速度快**

- 勾選**增量**。

  根據以下條件，設定**間隙**：

- **策略**：先 X 後 Z。

- 勾選**挖鑿檢查**。

- **途徑**：自動。

  點選**確定**。

  根據以下條件，設定**提刀**：

- **策略**：先 Z 後 X。

- 勾選**挖鑿檢查**。

- **提刀至…**：自動。

STEP 25 產生並模擬刀具路徑

針對精車 2 產生刀具路徑。

執行模擬刀具路徑，並檢查結果。

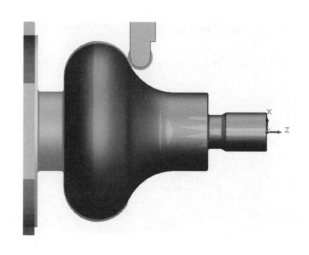

STEP **26** 針對螺紋建立外徑特徵

請將畫面切換至 SOLIDWORKS CAM 加工特徵管理員，在車削加工面 1 上按滑鼠右鍵，並選擇**車削特徵**。

特徵類型：選擇**外徑特徵**。

策略：選擇 **Thread**。

在**已選物件**的欄位中，選擇把手右側圓柱面，作為螺紋的外徑特徵。

點選**確定**。

STEP **27** 產生螺紋加工計劃

請至外徑特徵 3 上按滑鼠右鍵，並選擇**產生加工計劃**。

軟體將自動為外徑特徵 3 產生加工計劃螺紋 1。

STEP **28** 修改螺紋參數

請至螺紋 1 上按滑鼠右鍵，並選擇**編輯定義**。

請將畫面切換至 **F/S** 的分頁，根據以下條件，設定**轉速進給**：

- **定義由**：加工法。

- **模式**：RPM。

- **主軸轉速**：1200rpm。

請將畫面切換至**螺紋**的分頁：

- **切削形態**：固定切削深度。

```
切削形態
 ● 固定切削深度
 ○ 固定切削體積


 □ 反轉(B)
 □ 鏡射相對於中心線
```

根據以下條件,設定**參數設定**:

- **單層切削深度**:0.015in。

- **底層切削量**:0in。

- **走刀次數**:0。

- **起始長度**:0.3in。

- **結束長度**:0.1in。

點選**資料庫**,選擇規格 9/16-18NUF,並點選**確定**。

	ID	Type	Designation	Pitch	EndPitch	DepthOfThread	ProcessMethod	Units	Spindle
31	63	UNF	6-40 UNF	0.025000	0.000000	0.015400	1	2	1
32	65	UNF	8-36 UNF	0.027800	0.000000	0.017100	1	2	1
33	67	UNF	10-32 UNF	0.031250	0.000000	0.019200	1	2	1
34	69	UNF	12-28 UNF	0.035700	0.000000	0.021900	1	2	1
35	71	UNF	1/4-28 UNF	0.035700	0.000000	0.021900	1	2	1
36	73	UNF	5/16-24 UNF	0.041700	0.000000	0.025600	1	2	1
37	75	UNF	3/8-24 UNF	0.041700	0.000000	0.025600	1	2	1
38	77	UNF	7/16-20 UNF	0.050000	0.000000	0.030700	1	2	1
39	79	UNF	1/2-20 UNF	0.050000	0.000000	0.030700	1	2	1
40	81	UNF	9/16-18 UNF	0.055600	0.000000	0.034100	1	2	1
41	83	UNF	5/8-18 UNF	0.055600	0.000000	0.034100	1	2	1
42	85	UNF	3/4-16 UNF	0.062500	0.000000	0.038400	1	2	1
43	87	UNF	7/8-14 UNF	0.071400	0.000000	0.043800	1	2	1
44	89	UNF	1-12 UNF	0.083300	0.000000	0.051100	1	2	1
45	91	UNF	1 1/8-12 UNF	0.083300	0.000000	0.051100	1	2	1
46	93	UNF	1 1/4-12 UNF	0.083300	0.000000	0.051100	1	2	1

刀具資料庫 - Thread Condition (inches)

確定　　　取消

在加工技術資料庫中,螺紋的螺距及牙紋深度皆已紀錄在資料庫中。

- **進給形態**：斜進式。

- **倒角**：取消勾選倒角。

請將畫面切換至 **NC** 的分頁，根據以下條件，設定**間隙**：

- **策略**：方向。

- **途徑**：自動。

  根據以下條件，設定**提刀**：

- **策略**：方向。

- 勾選**挖鑿檢查**。

  點選**確定**。

STEP 29 產生並模擬刀具路徑

針對螺紋 1 產生刀具路徑。

執行模擬刀具路徑，並檢查結果。

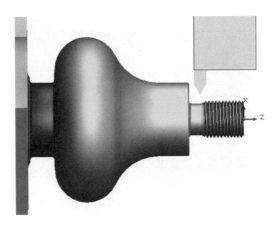

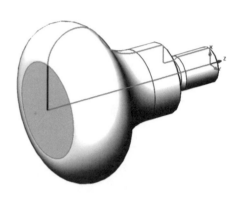

STEP 30 建立切斷特徵

請將畫面切換至 SOLIDWORKS CAM 加工特徵管理員，在車削加工面 1 上按滑鼠右鍵，並選擇**車削特徵**。

- **特徵類型**：選擇**切斷特徵**。

- **策略**：選擇 **Cut Off**。

在**已選物件**的欄位中，選擇把手左側端面，作為切斷特徵。

STEP 31 產生切斷加工計劃

請至切斷特徵 1 上按滑鼠右鍵，並選擇**產生加工計劃**。

軟體將自動為切斷特徵 1 產生加工計劃。

STEP 32 修改切斷參數

請至粗車 1 上按滑鼠右鍵，並選擇編輯定義。在**刀具**的分頁中將畫面切換至**刀塔**的分頁。

選擇 **6 號車刀**。

請將畫面切換至 **F/S** 的分頁，根據以下條件，設定**轉速及進給**：

- **定義由**：加工法。

- **模式**：SFM。

- **主軸轉速**：800rpm。

- **每轉進給**：0.0025in/rev。

請將畫面切換至**切斷**的分頁，根據以下條件，設定**減速**：

- **長度**：0.07in。

- **轉速**：0。

- **每轉進給**：0.0010in/rev。

請將畫面切換至 **NC** 的分頁，根據以下條件，設定**途徑**：

- **徑向 (X)**：0.3in。

- **軸向 (Z)**：0in。

- **Z**：0.3in。

- 勾選**進刀速度快**。

- 取消勾選**增量**。

  根據以下條件，設定**間隙**：

- **策略**：方向。

- 勾選**挖鑿檢查**。

- **途徑**：自動。

  點選**確定**。

  根據以下條件，設定**提刀**：

- **策略**：先 X 後 Z。

- 勾選**挖鑿檢查**。

- **提刀至⋯**：提刀點。

  請將畫面切換至**加工特徵選項**的分頁：

- **設定終止長度**：-0.1in。

  點選**確定**。

STEP 33 產生並模擬刀具路徑

針對切斷 1 產生刀具路徑。

執行模擬刀具路徑，並檢查結果。

7.1.1　編輯刀具路徑

在編輯刀具路徑的介面下，您可以執行以下動作：

- 移動座標點 CL（cutter location）。

- 刪除座標點。

- 在選擇的座標點前後，加入或修改進給率。

- 在選擇的座標點前後，加入快速移動或切削路徑。

- 檢視刀具法向量。

在您產生刀具路徑之後，您可以點選加工計劃左側的十字鍵，此時軟體會展開其樹狀結構，您可以看到此加工計劃對應的加工特徵。在特徵上按滑鼠右鍵，並選擇**編輯刀具路徑**，即可以開啟編輯刀具路徑的對話框。

- **導航按鈕**：對話框頂部的控制欄提供用於導航的按鈕，您可以點選按鈕來觀察刀具路徑的移動及座標位置。

按鈕	描述
 ⏮	返回初始位置。
 ⏫	您可以指定後退的座標點數，並一次後退多個座標點。
 ◀	後退一個座標點。
 ⏸	當您點選前進或後退多個座標點時，於移動的過程中，可以點選暫停。
 ▶	往前一個座標點。
 ⏬	您可以指定前進的座標點數，並一次前進多個座標點。
 ⏭	移動至結束位置。
 ⏏	座標點往回至前一個 Z 軸加工層，通常用於銑床。
 ⏏	座標點往下至下一個 Z 軸加工層。
 10 ⏶⏷ 50 ⏶⏷	左側的欄位，主要控制當您一次前進或後退多個座標點時，前進的座標點數。 右邊的欄位，則是控制顯示於畫面當中，刀具路徑的區段數目。
 圖示	您可以點選此按鈕來增強畫面當中座標點的顯示。
 圖示	您可以點選此按鈕來顯示畫面中座標點的法向量。

◆ **鎖住刀具路徑**

當您使用編輯刀具路徑手動編輯路徑並關閉對話框時，SOLIDWORKS CAM 會提示訊息詢問您是否將刀具路徑鎖住。如此一來，當您重新計算刀具路徑時，手動編輯的刀具路徑將會被保存下來。而此提示訊息提供了兩種選項：

- 如果您點選了**是**，則軟體會為您鎖住刀具路徑，如此一來，將來如果有重新計算刀具路徑時，則軟體會保留您目前的設定。

- 如果您選擇了**否**，則軟體將不會鎖住刀具路徑，將來如果您重新計算了刀具路徑，手動編輯的刀具路徑將會被重新計算並遺失。為了避免手動編輯後的結果遺失，建議您不要針對此加工計劃進行重新計算。

STEP 34 編輯刀具路徑

請將畫面切換至 SOLIDWORKS CAM 加工計劃管理員，找到精車 1 點選左側加號展開其樹狀結構，在外徑特徵 1 上按滑鼠右鍵，並選擇**編輯刀具路徑**。

在**編輯刀徑路徑**的介面下，點選**單節步驟** ▶ ，並且確認下方刀具路徑的座標點來到了 Cut 2。

在此我們將試著修改現有的刀具路徑，將現有的 Cut 2 的座標點向後延伸，並且來到距離最大直徑端面 0.05in 的位置。

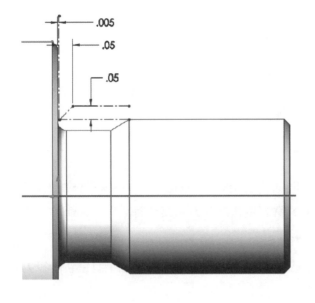

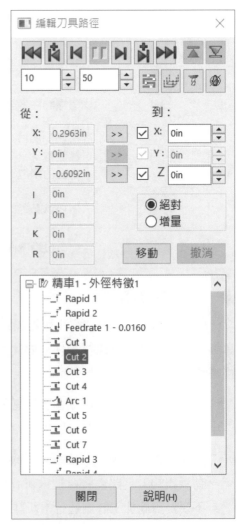

STEP 35 移動刀具路徑

選擇 Cut 2，並確認增量的方式為**絕對值**。

點選 >> 鈕，將原本的座標點填入右側欄位，並將其修改為新的座標點，將 Z 從 -0.6092in 取代為 -0.8358in。

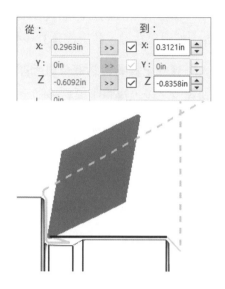

再點選**移動**鈕，您可以注意到，原有的刀具路徑將會向後延伸至距離端面 0.05in 的位置。

接著，再藉由將 X 及 Z 軸向右上角提刀 0.05in 的方式，手動加入一個向 45 度方向提刀的快速移動方式。

STEP 36 手動加入快速移動或切削移動

請將座標點移動至 Cut 2，並按滑鼠右鍵選擇**建立→快速 / 切削**。

建立紀錄的對話框會自動開啟，分別選擇**快速**及之後，再將現有的 X 及 Z 向右上角各移動 0.05in（X0.3463, Z-0.7885）。

點選**建立**及**關閉**。

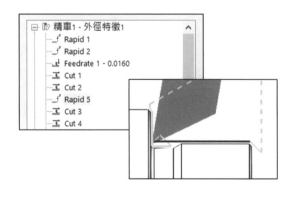

如畫面您可以看到，新的快速移動將會建立在清單之中。

緊接著，我們要再加入一個 Z 軸正方向的一個快速移動，重複上述動作，在快速移動 5 上按滑鼠右鍵，並選擇**建立→快速／切削**。

建立紀錄的對話框會自動開啟，分別選擇**快速**及之後，再將座標點移動至 Z-0.6127。

點選**建立**及**關閉**。

緊接著，我們要再加入一個 X 軸負方向的一個切削移動，重複上述動作，在快速移動 6 上按滑鼠右鍵，並選擇**建立→快速／切削**。

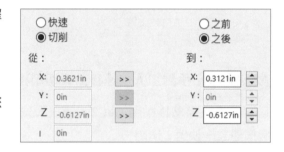

建立紀錄的對話框會自動開啟，分別選擇**切削**及**之後**，再將座標點移動至 X-0.3121。

點選**建立**及**關閉**。

當您關閉並重新開啟**編輯刀具路徑**時，您可以注意到，步驟的序號將會自動重新排序。

STEP 37 改變進給率

選擇 Cut 3，並按滑鼠右鍵選擇**建立→改變進給率**。

插入進給速率的對話框會自動開啟，選擇**之前**，並設定**新的進給速率**為 0.0120in/ rev。

點選**確定**。

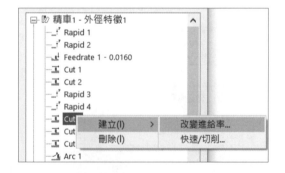

選擇 Cut 4，並按滑鼠右鍵選擇**建立→改變進給率**。

插入進給速率的對話框會自動開啟，選擇**之前**，並設定**新的進給速率**為 0.0160in/ rev。

點選**確定**。

STEP **38** 修改及刪除快速／切削移動

選擇 Cut 6，並確認增量的方式為**絕對**值。

點選 >> 鈕，將原本的座標點填入右側欄位，並將其修改為新的座標點，將 X 從 0.2963 in 取代為 0.6755in、將 Z 從 -0.8385 in 取代為 -0.9635 in。

點選**移動**。

選擇 Cut 7，並按滑鼠右鍵選擇**刪除**、選擇 Rapid 3，並按滑鼠右鍵選擇**刪除**。

點選**關閉**完成編輯刀具路徑。

點選**是**鎖住路徑。

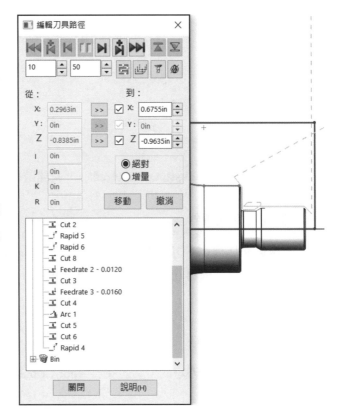

STEP **39** 模擬刀具路徑

執行模擬刀具路徑，並檢查結果。

STEP **40** 儲存並關閉檔案

練習 7-1 修改車床特徵及加工計劃

藉此範例,練習對一個零件進行車床加工的設定,建立並修改車削特徵、加工計劃及刀具路徑。

操作步驟

STEP 1 開啟檔案

請至範例資料夾 Lesson 07\Exercises,並開啟檔案「EX_turn_grvthd.sldprt」。

STEP 2 定義機器

請將畫面切換至 SOLIDWORKS CAM 加工特徵管理員,在機器上按滑鼠右鍵,並選擇編輯定義。再到**機器**的分頁,選擇**車床**下的 Turn Single Turret-Inch,作為使用的機器,並點選**選擇**鈕。

STEP 3 選擇刀塔

請將畫面切換至**刀塔**的分頁,選擇 Tool Crib 2 Rear(Inch),作為**啟用的刀塔**。

STEP 4 選擇後處理程序及定義主軸最高轉速

請將畫面切換至**後處理程序**的分頁,選擇 TURN\FANUC_T2AXIS,作為**啟用的後處理程序**。

再將畫面切換至**加工面**的分頁。

主軸轉速:勾選**限制**,設定為 3500。

主軸轉速: ☑ 限制
3500.0000rpm

STEP 5 定義夾具

請將畫面切換至**卡盤 / 夾具**的分頁。在**主軸信息**的**形狀**中,選擇**零件 / 組件**。

您可以在範例資料夾中,找到已經準備好的組件檔案 Haas 10in Chuck_Soft Jaws.sldasm,並且於 Configurations 選擇 5 的組態。

點選**開啟**。

設定**卡盤 / 夾具展示：沿邊線覆蓋**。

點選**確定**。

STEP 6 定義素材

請將畫面切換至 SOLIDWORKS CAM 加工特徵管理員。

在此範例中，我們將利用一個 8 inch 長的棒材，作為此零件的素材，並將端面偏移 0.25 inch 以提供面車削加工。

請至**素材管理員**上按滑鼠右鍵，並選擇編輯定義。

素材材質：選擇 6061-T6。

素材類型：選擇**圓棒素材**。

策略：選擇**實體**。

根據以下條件，設定**圓棒素材參數**：

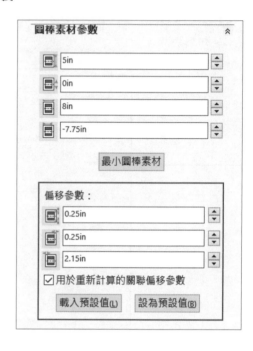

- **外部直徑**：5in。

- **素材長度**：8in。

  根據以下條件，設定**偏移參數**：

- **素材正面偏移**：0.25in。

- **素材背面偏移**：2.15in。

  點選**確定**。

STEP 7 提取加工特徵

請至 CommandManger 點選**提取加工特徵**。

```
車削加工面1
    面特徵1 [Rough & Finish]
    外徑特徵1 [Rough-Finish]
    矩形溝槽 外徑1 [Rough-Finish]
    切斷特徵1 [Cut Off]
Recycle Bin
```

STEP 8 產生加工計劃

請至 CommandManager 點選**產生加工計劃**。

在面特徵、外徑特徵及溝槽特徵上，軟體自動為其配置一個粗加工及一個精加工。**刪除**面粗加工 1。

```
車削加工面1 [車削加工法設定1]
    面粗加工1[T01 - 0.0157x80° 菱形 ]
    面精加工1[T03 - 0.0157x55° 菱形 ]
    粗車1[T01 - 0.0157x80° 菱形 ]
    精車1[T03 - 0.0157x55° 菱形 ]
    溝槽粗加工1[T06 - 0.118 溝槽 ]
    溝槽精加工1[T06 - 0.118 溝槽 ]
    切斷1[T10 - 0.118 溝槽 ]
資源回收筒
```

STEP 9 修改面加工計劃

請至面精加工 1 上按滑鼠右鍵，並選擇編輯定義。

請將畫面切換至 **F/S** 的分頁，根據以下條件，設定**轉速進給**：

- **定義由**：加工法。

- **模式**：轉速 / 分鐘。

- **主軸轉速**：2200rpm。

- **每轉進給 FPR**：0.016in/rev。

請將畫面切換至**面精加工**的分頁，根據以下條件，設定**輪廓參數**：

- **前次加工裕留量**：0.25in。

- **第一刀切削量**：0.1in。

- **最大切削量**：0.1in。

- **底層切削量**：0.1in。

- **進刀角度**：0 度。

- **進刀切削量**：0.1in。

- **退刀角度**：90 度。

- **退刀切削量**：0in。

請將畫面切換至 **NC** 的分頁，根據以下條件，設定**途徑**：

- **徑向 (X)**：0in。

- **軸向 (Z)**：0in。

- **Z**：0.1in。

- 勾選**進刀速度快**。

- 取消勾選**增量**。

點選**確定**。

STEP 10 產生刀具路徑

請至 CommandManager 點選**產生刀具路徑**。

選擇所有的加工計劃，並檢查結果。

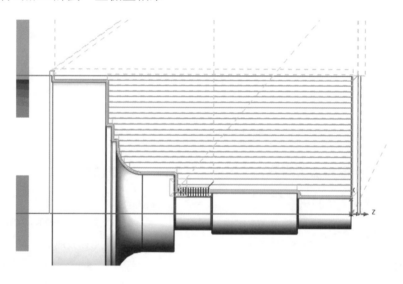

STEP 11 為螺紋建立外徑特徵

請將畫面切換至 SOLIDWORKS CAM 加工特徵
管理員，在矩形溝槽外徑 1 上按滑鼠右鍵，並選擇**車
削特徵**。

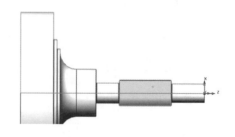

特徵類型：選擇**外徑特徵**。

策略：選擇 **Thread**。

在**已選物件**的欄位中，選擇中間圓柱面，作為外徑特徵。

點選**確定**。

STEP 12 建立螺紋加工計劃

請至外徑特徵 2 上按滑鼠右鍵，並選擇**產生加工計劃**。

軟體將自動為外徑特徵 2 產生加工計劃螺紋 1。

STEP 13 移動螺紋加工計劃

透過拖曳及放置，將螺紋 1 移動至溝槽精加工 1 之後。

```
車削加工面1 [車削加工法設定1]
   面精加工1[T03 - 0.0157x55° 菱形]
   粗車1[T01 - 0.0157x80° 菱形]
   精車1[T03 - 0.0157x55° 菱形]
   溝槽組加工1[T06 - 0.118 溝槽]
   溝槽精加工1[T06 - 0.118 溝槽]
   螺紋1[T07 - 0.01x60° 螺紋]
   切斷1[T10 - 0.118 溝槽]
資源回收筒
   面粗加工1[T01 - 0.0157x80° 菱形]
```

STEP 14 修改螺紋加工參數

請至螺紋 1 上按滑鼠右鍵，並選擇編輯定義。

請將畫面切換至 **F/S** 的分頁，根據以下條件，設定**轉速進給**：

- **定義由**：加工法。
- **模式**：RPM。
- **主軸轉速**：1200rpm。

  請將畫面切換至**螺紋**的分頁：

- **切削形態**：固定切削體積。

  在**參數設定**中：

- **結束長度**：0.1in。

  點選**資料庫鈕**，選擇螺紋規格 3/4-10 UNC，並點選**確定**。

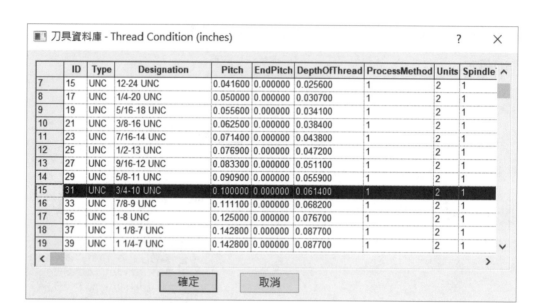

	ID	Type	Designation	Pitch	EndPitch	DepthOfThread	ProcessMethod	Units	Spindle
7	15	UNC	12-24 UNC	0.041600	0.000000	0.025600	1	2	1
8	17	UNC	1/4-20 UNC	0.050000	0.000000	0.030700	1	2	1
9	19	UNC	5/16-18 UNC	0.055600	0.000000	0.034100	1	2	1
10	21	UNC	3/8-16 UNC	0.062500	0.000000	0.038400	1	2	1
11	23	UNC	7/16-14 UNC	0.071400	0.000000	0.043800	1	2	1
12	25	UNC	1/2-13 UNC	0.076900	0.000000	0.047200	1	2	1
13	27	UNC	9/16-12 UNC	0.083300	0.000000	0.051100	1	2	1
14	29	UNC	5/8-11 UNC	0.090900	0.000000	0.055900	1	2	1
15	31	UNC	3/4-10 UNC	0.100000	0.000000	0.061400	1	2	1
16	33	UNC	7/8-9 UNC	0.111100	0.000000	0.068200	1	2	1
17	35	UNC	1-8 UNC	0.125000	0.000000	0.076700	1	2	1
18	37	UNC	1 1/8-7 UNC	0.142800	0.000000	0.087700	1	2	1
19	39	UNC	1 1/4-7 UNC	0.142800	0.000000	0.087700	1	2	1

- **進給形態**：斜進式。

- **倒角**：取消勾選倒角。

STEP 15 產生加工計劃

請至 CommandManger 點選**產生加工計劃**。

STEP 16 模擬刀具路徑

執行模擬刀具路徑，並檢查結果。

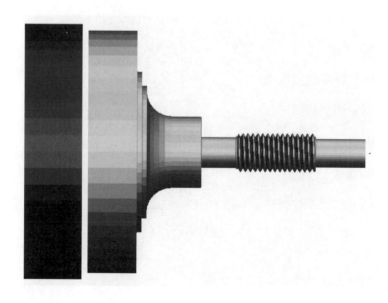

STEP 17 編輯刀具路徑

請將畫面切換至 SOLIDWORKS CAM 加工計劃管理員，找到精車 1 點選左側加號展開其樹狀結構，在外徑特徵 1 上按滑鼠右鍵，並選擇**編輯刀具路徑**。

在編輯刀徑路徑的介面下，點選單節步驟 ▶ 並且確認下方刀具路徑的座標點來到了 Feedrate 1-0.0161。

請至 Feedrate 1-0.0161 上按滑鼠右鍵，並選擇**編輯**。設定**新的進給速率**為：0.0120in/rev，並點選**確定**。

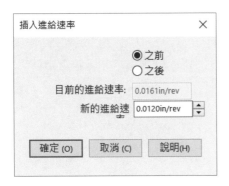

點選**單節步驟** ▶ 至 Arc 2。在 Arc 2 上按滑鼠右鍵，並選擇**建立→改變進給率**，選擇**之後**及設定**新的進給速率**為：0.0161in/rev，並點選**確定**。

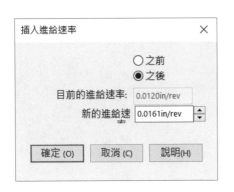

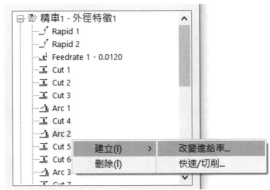

點選**關閉**完成刀具路徑。

點選**是**鎖住刀具路徑。

STEP> 18 模擬刀具路徑

執行模擬刀具路徑，並檢查結果。

STEP> 19 儲存並關閉檔案

探查操作

 順利完成本章課程後，您將學會：

- 加入探查操作
- 設定探查操作細部參數
- 設定探頭參數

8.1 探查操作介紹

隨著科技的進步，量測的動作不再只侷限在品管室，而是您可以在加工的過程當中加入探查操作，並依照您的需求，執行量測的動作。而量測的結果會進一步反饋到控制器當中，並由控制器為您補正刀具的磨耗。確保加工精度及提高製程良率。而在加工的幾個過程您可以加入探查操作：

- **定義加工位置**：當您將素材放置於夾具或虎鉗之後，您可以執行探查操作，讓探查操作來為您抓取此零件的原點位置，甚至檢查平行度。高階的控制器可藉由採樣點的回饋，來判斷工件是否歪斜。如果歪斜，則控制器可以根據量測後歪斜的角度，自動補正角度差。

- **故障保險**：像是座標系統的更新、刀具幾何的改變、零件的量測…等等。都可以由 CNC 設備執行完一個探測循環後，消除因人工輸入或計算錯誤而導致代價高昂的錯誤。

- **零件識別**：於現在自動化上下料設備普及，您也可以在每次機器上料之後執行探查操作，確保放置於床台上的零件與您目前執行程式的零件吻合。

- **對刀**：除了上述將探頭安置於主軸上的方式之外，另外也有一種安裝於床台旁邊的對刀器。您可以利用對刀器來自動測量刀具的伸長量及直徑。而控制器會自動載入量測後的結果，減少人工校正刀具的時間。若在加工的過程當中，量刀器偵測到刀具的磨損超過了標準範圍，則控制器會呼叫預備刀具或通知現場人員。

- **例行性巡檢**：當您執行一定批量的加工，或者當您因刀具磨耗而更換了新的刀具，您都可以執行探查操作來確認刀具的磨耗程度，並補正差額。確保加工出來的成品能符合客戶品質需求。

- **首件檢查**：當您在開始執行量產之前，通常我們都會針對第一個加工的零件進行尺寸的確認，確保後續加工的零件尺寸正確無誤。您可以執行探測循環來減少人工檢測的時間及停機造成的損失。特別是如果您需要取下工件再重新放置，這也將導致累積公差的產生。

- **末件檢查**：與首件檢查一樣，末件的檢查可以確保我們整個批量的生產製造是正確無誤的，避免不良品的流出。透過探測循環的執行，可以消弭取下及放置累積公差的產生。而最終量測出來的結果也可以與圖面要求的尺寸公差進行比對，作為調機的參考，確保後續量產安全無虞。

8.1.1 探查操作

如果您想要加入探查操作，您必須具備 SOLIDWORKS CAM Professional 的使用許可，SOLIDWORKS CAM Standard 無法使用探查操作。

指令TIPS　探查操作　　　　　　　　　　　　　　　　　　　　　　　　　

- CommandManager：**SOLIDWORKS CAM** →探查操作。

- 功能表：**工具→ SOLIDWORKS CAM →建立→插入探查操作。**

- 工具列：**探查操作。**

- SOLIDWORKS CAM 加工計劃管理員：在銑削工件加工面或加工計劃上按滑鼠右鍵，並選擇**探查操作。**

- 於 SOLIDIWORKS CAM 刀具樹狀圖：在探查工具上按滑鼠右鍵，並選擇正在執行**探查操作。**

◈　**支援的量測類型**

探查操作支援以下的量測類型。

探查循環		循環類型
定位保護 當此循環使用時，機械會偵測碰撞的動作，並且在碰撞後自動停止。		定位保護
單面 當您選擇探查循環為單面的類型，您可以直接指定量測的方向 X、Y 或 Z。軟體會針對您選擇的面產生測量的點位。		單面

探查循環		循環類型
網 / 槽穴 當您選擇探查循環為網或槽穴的類型時，您必須指定相互平行的兩個面來做為量測取樣的點，藉此量測外型或槽穴的長度或寬度。	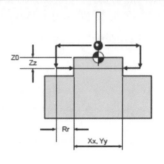 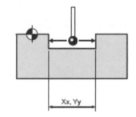 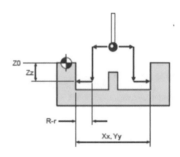	**含島嶼** 當您勾選了**含島嶼**的選項時，軟體會自動為您添加提刀的軌跡來避免移動的過程與島嶼發生碰撞。
島嶼 / 搪孔 當您選擇探查循環為島嶼或搪孔時，您必須指定圓柱或孔的表面來做為量測取樣的參考，而軟體會自動為您加入四個測量取樣的點位，藉此量測島嶼或搪孔的直徑大小。	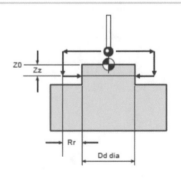	**含島嶼** 若搪孔的特徵包含了島嶼，您亦可勾選**含島嶼**的選項時，軟體會自動為您添加提刀的軌跡來避免移動的過程與島嶼發生碰撞。

探查循環		循環類型
	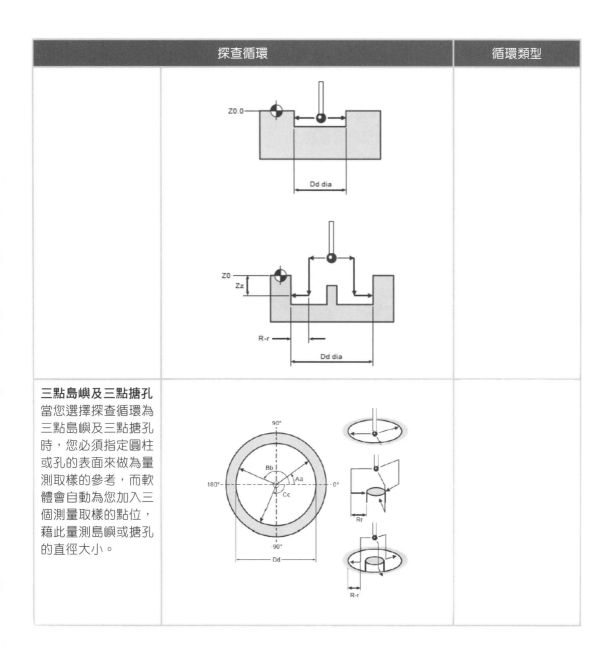	
三點島嶼及三點搪孔 當您選擇探查循環為三點島嶼及三點搪孔時,您必須指定圓柱或孔的表面來做為量測取樣的參考,而軟體會自動為您加入三個測量取樣的點位,藉此量測島嶼或搪孔的直徑大小。		

8.2 範例練習:建立探查操作 -Part 1

在此範例中,我們將針對畫面中三個虎鉗的第一個虎鉗加入探查操作,並建立各種的探查循環。此外,我們也將針對探查操作,修改其座標系統代號。最後,我們將執行這一完整的流程,確保從加工、檢測到量測補正這一系列的工作流程正確無誤。

STEP 1 開啟檔案

請至範例資料夾 Lesson 08\Case Study，並開啟檔案「PR_3ViseAssembly.SLDASM」。

請將畫面切換至 SOLIDWORKS CAM 加工特徵管理員，並檢視加工面及特徵，如畫面中所示，機器、刀具、素材…皆已設定完成。

而此三個零件實例已新增到 Part Manager 之中。

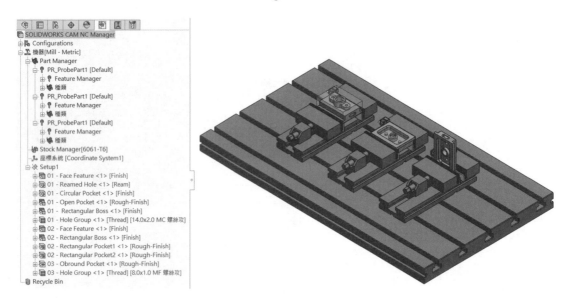

> **提示**
>
> 如畫面當中所呈現的，您可以注意到，這三個 PR_ProbePart 零件雖然都是同一個零件，但您可以透過實例分類將它們視為是獨立的個體，藉此來演示不同的零件設置。您可以展開每個零件的特徵管理員樹狀結構，發現每個零件同樣都提取了三個面向的加工特徵。而在最下方的銑削工件加工面會幫您整理出，在此加工方向，每個零件個別可以加工的部位有哪些。
>
>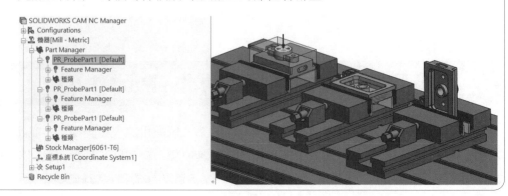

STEP 2 更改視角方向

在此範例中，我們已經為這三個零件分別建立好視角方向。

點選空白鍵，並選擇視角方位 PART SETUP 01。

STEP 3 建立探查操作

請將畫面切換至 SOLIDWORKS CAM 加工計劃管理員，在銑削工件加工面 1 上按滑鼠右鍵，並選擇**正在執行探查操作**。

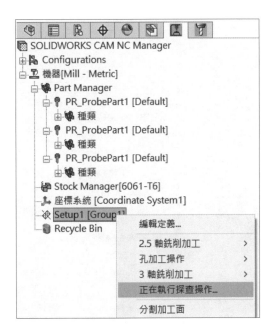

此時**新的加工法：探查操作**的對話框將會自動開啟。在**刀具**的分頁中將畫面切換至**刀塔**的分頁，選擇 T13-4 探查工具，作為我們使用的工具。

點選**確定**。

自動探查循環

您可以在探查的分頁，選擇或修改探查的參數內容。預設的探查循環為自動，您可以直接點選 X 或 Y 方向的參考面。軟體即可產生對應的探查路徑。

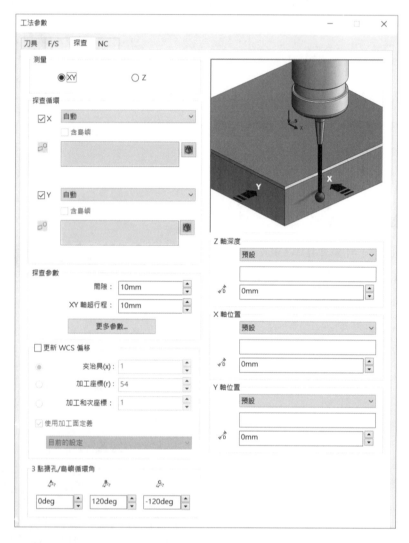

根據所選幾何，選擇正確的探查循環。

X 和 Y 探查循環類型包括：

- 自動

- 單面

- 網

- 槽穴

- 島嶼

- 搪孔

- 三點島嶼

- 三點搪孔

以下表格說明當您選擇了探查的實體時，自動選擇模式是如何運作的。根據您選擇的實體，在探查循環的下拉式選單將會更新不同的探查類型。

實體選擇	X	Y
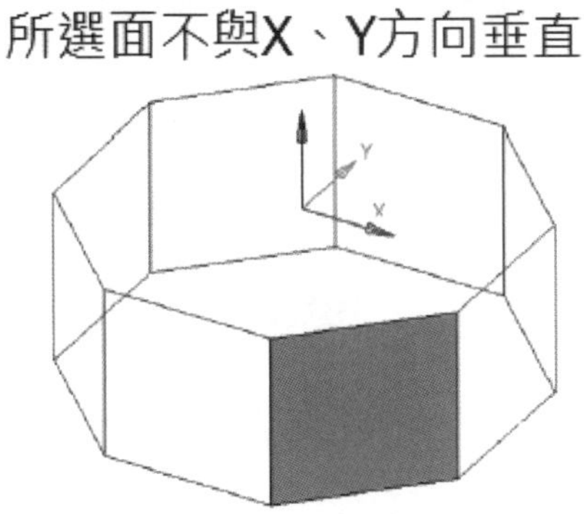 所選面不與X、Y方向垂直	**自動** 所選的實體不適用於 X 方向量測。	**自動** 所選的實體不適用於 Y 方向量測。
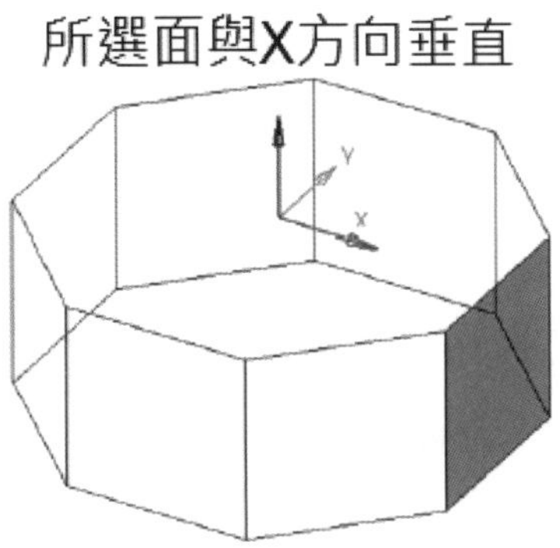 所選面與X方向垂直	**單面** 當您選擇一個與 X 方向垂直的面，下拉式選單僅可選擇： - 單面 - 網 - 槽穴	不適用於 Y 方向量測。

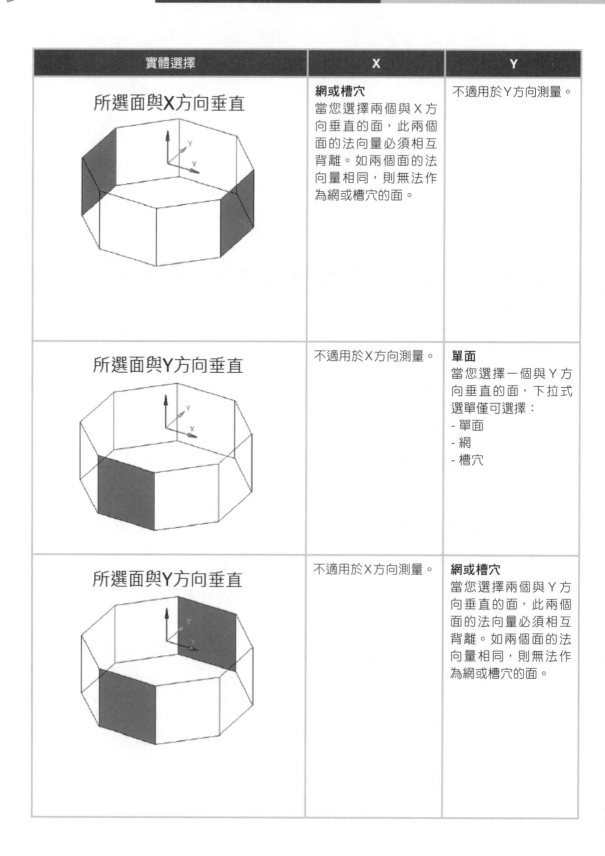

實體選擇	X	Y
所選面與X方向垂直	**網或槽穴** 當您選擇兩個與X方向垂直的面，此兩個面的法向量必須相互背離。如兩個面的法向量相同，則無法作為網或槽穴的面。	不適用於Y方向測量。
所選面與Y方向垂直	不適用於X方向測量。	**單面** 當您選擇一個與Y方向垂直的面，下拉式選單僅可選擇： - 單面 - 網 - 槽穴
所選面與Y方向垂直	不適用於X方向測量。	**網或槽穴** 當您選擇兩個與Y方向垂直的面，此兩個面的法向量必須相互背離。如兩個面的法向量相同，則無法作為網或槽穴的面。

實體選擇	X	Y
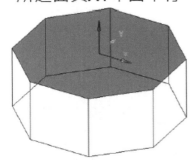所選面與XY平面平行 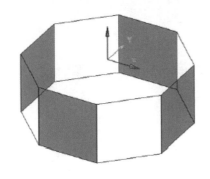自動偵測可探查X、Y方向的面	**單面** 當您選擇一個與 XY 平面平行的面，如果其中有一個邊與 X 方向平行，那麼它可以用於 X 方向的量測。 **網** 當您選擇一個與 XY 平面平行的面，如果其中有兩個邊與 X 方向平行，且法向量背離，那麼它可以用於 X 方向的量測。	**單面** 當您選擇一個與 XY 平面平行的面，如果其中有一個邊與 Y 方向平行，那麼它可以用於 Y 方向的量測。 **網** 當您選擇一個與 XY 平面平行的面，如果其中有兩個邊與 Y 方向平行，且法向量背離，那麼它可以用於 Y 方向的量測。
圓弧面 	**搪孔**：如果您所選擇的面為一個孔。 **島嶼**：如果您所選擇的面為一個圓柱。 當您選擇為上述兩者，此時下拉式選單可選擇： - 搪孔 / 島嶼 - 三點搪孔 / 三點島嶼	**搪孔**：如果您所選擇的面為一個孔。 **島嶼**：如果您所選擇的面為一個圓柱。 當您選擇為上述兩者，此時下拉式選單可選擇： - 搪孔 / 島嶼 - 三點搪孔 / 三點島嶼

STEP **4** 設定探查參數

請至工法參數對話框，將畫面切換至**探查**的分頁。

測量：選擇 XY。

探查循環：勾選 **X**，並選擇**選擇素材面** 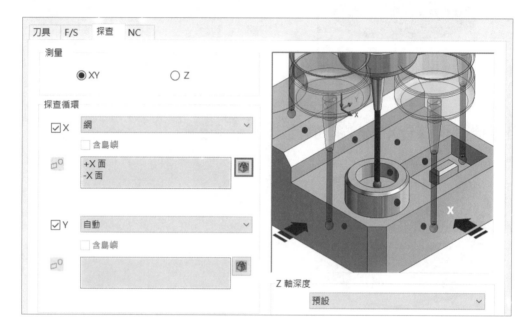 。

探查循環：勾選 **Y**，並選擇**選擇素材面**。

根據以下條件，設定**探查參數**：

- **間隙**：10mm。

- **XY 軸超行程**：10mm。

勾選**更新 WCS 偏移**和**使用加工面定義**，並於下拉式選單選擇**目前的設定**。

此舉將會幫我們更新座標系統 G54 的 X、Y 座標位置。

Z 軸深度：設定為**預設**。

請將畫面切換至 **NC** 的分頁。

探查循環平面：距離設定 5mm。

Z 快速平面是

素材頂端

距離： 25mm

☐ 使用加工面定義

Z 軸相對平面為

特徵頂端

距離： 5mm

☐ 使用加工面定義

探查循環平面

特徵頂端

距離： 5mm

提示 探查循環平面的目的，在於設定探查工具的退刀距離。

點選**確定**。

◆ **探查運動**

探查的移動路徑包含了下述三種動作：

- 快速移動（Rapid Move）。

- 保護移動（Protected Move）。

- 探查循環移動（Probe cycle move）。

循環類型		路徑移動
單面		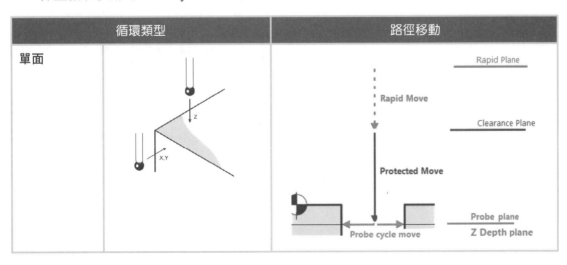

循環類型	路徑移動
網 / 槽穴 槽穴包含島嶼	

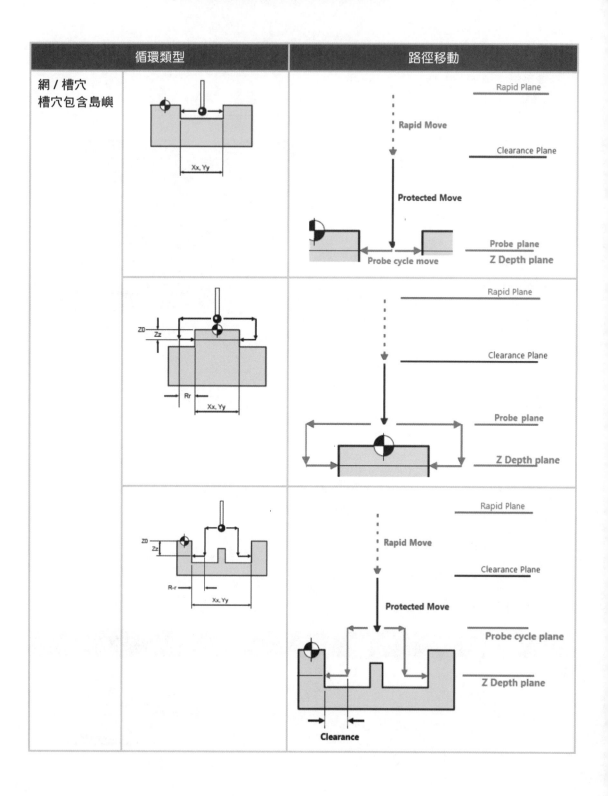

循環類型	路徑移動
搪孔 / 島嶼 搪孔包含島嶼	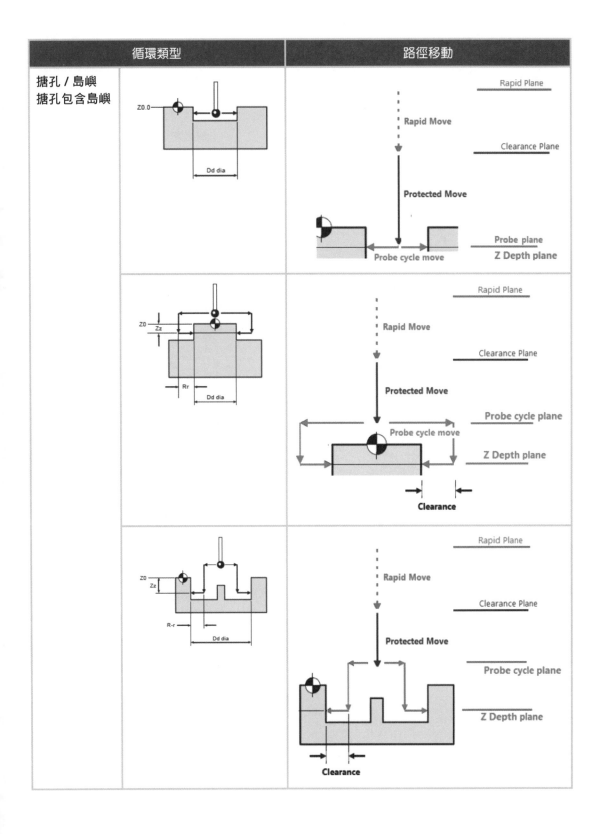

循環類型	路徑移動
3 點搪孔 3 點島嶼	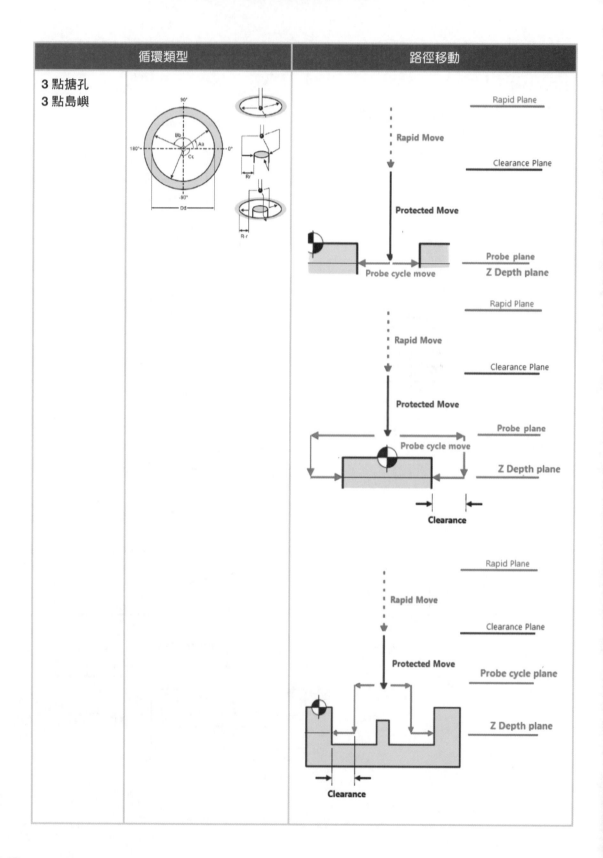

STEP 5 產生刀具路徑

請至探查操作 1 上按滑鼠右鍵，並選擇**產生刀具路徑**。

```
└─◇ Setup1 [Group1]
    └─ ▌ 探查操作1[T13 - 4 探查工具]
   🗑 Recycle Bin
```

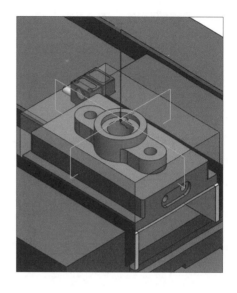

STEP 6 新增探查循環並量測 Z 軸表面位置

請將畫面切換至 SOLIDWORKS CAM 加工計劃管理員，在探查操作 1 上按滑鼠右鍵，並選擇**正在執行探查操作**。

此時**新的加工法：探查操作**的對話框將會自動開啟。在**刀具**的分頁中將畫面切換至**刀塔**的分頁，選擇 T13-4 探查工具，作為我們使用的工具。

點選**確定**。

請至工法參數對話框，將畫面切換至**探查**的分頁。

測量：選擇 Z。

探查循環：勾選 **Z**，並選擇**選擇素材面** 🔘 。

```
┌─ 探查循環 ──────────────────────────┐
│      Z   單面                    ∨  │
│                                      │
│  ▱⁰    +Z 面                    🔘  │
│                                      │
└──────────────────────────────────────┘
```

根據以下條件，設定**探查參數**：

- **Z 軸超行程**：4mm。

  勾選**更新 WCS 偏移**和**使用加工面定義**，並於下拉式選單選擇**目前的設定**。

  此舉將會幫我們更新座標系統 G54 的 X、Y 座標位置。

  請將畫面切換至 **NC** 的分頁。

  探查循環平面：距離設定 5mm。

  點選**確定**。

  請至探查操作 2 上按滑鼠右鍵，並選擇**產生刀具路徑**。

STEP 7　針對面特徵產生加工計劃及刀具路徑

請將畫面切換至 SOLIDWORKS CAM 加工特徵管理員，在面特徵 1 上按滑鼠右鍵，並選擇**產生加工計劃**。

畫面將自動跳轉至 SOLIDWORKS CAM 加工計劃管理員。

此時您可以看到，面銑削 1 將會被加入至銑削工件加工面 1 之中。

⬢ 重新設定座標系統

在面銑削之後，探查操作將根據零件頂部重新設定 G54 Z 軸高度。

新的加工面需要設定新的座標系統，而這必須通過拆分現有加工面、取消鏈接新加工面和設置座標系統來實現，所有後續操作都將使用新加工面。

STEP 8　建立新加工面

請至加工面 Setup1[Group 1] 上按滑鼠右鍵，並選擇**分割加工面**。

加工面 Setup1 [Group 2] 將會自動建立。

請至加工面 Setup1[Group 2] 上按滑鼠右鍵，並選擇**取消連結加工面**。

請將加工面 Setup1 [Group 1] 從…**選擇**的欄位，加入至**選擇加工面**的欄位中。

 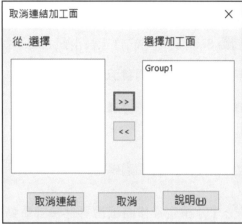

點選**取消連結**。

STEP **9** 為新的加工面設定原點

請至 Setup1 [Group 2] 上按滑鼠右鍵,並選擇編輯定義。

請將畫面切換至**原點**的分頁。

輸出原點:選擇**設置原點**。

設置原點:選擇**選擇物件**。並選擇 CS_01 作為程式的原點。

點選**確定**。

STEP 10 設定偏移距離

請至 Setup1 [Group 1] 上按滑鼠右鍵，並選擇編輯定義。

請將畫面切換至**偏移距離**的分頁。

加工座標偏移：選擇**加工座標**。

設定**起始值**：54。

點選**指定鈕**，並點選**確定**。

STEP 11 探查操作將根據零件頂部重新設定 **G54 Z 軸高度**

請在面銑削上按滑鼠右鍵，並選擇**正在執行探查操作**。

此時**新的加工法：探查操作**的對話框將會自動開啟。在**刀具**的分頁中將畫面切換至**刀塔**的分頁，選擇 T13-4 探查工具，作為我們使用的工具。

點選**確定**。

請將畫面切換至**探查**的分頁。

測量：選擇 Z。

探查循環：勾選 **Z**，並選擇**零件頂面**。

勾選**更新 WCS 偏移**和**使用加工面定義**，並於下拉式選單選擇 Setup1 [Group 2]。

X 軸位置：選擇**設置原點**。

Y 軸位置：選擇**設置原點**。

點選**確定**。

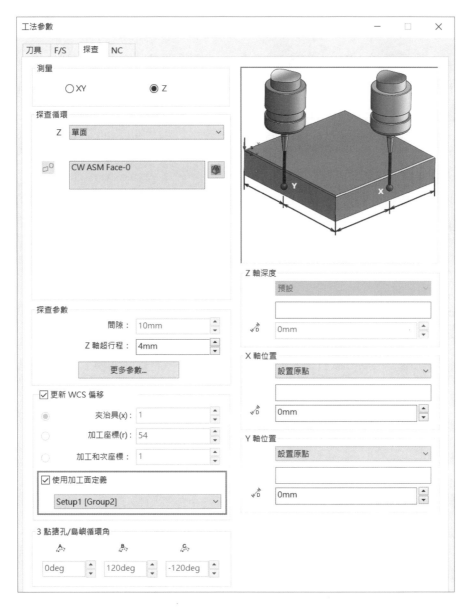

此舉將會幫我們更新座標系統 G54 的 Z 座標位置。

STEP 12 產生刀具路徑

請至探查操作 3 上按滑鼠右鍵,並選擇產生刀具路徑。

STEP **13** 針對絞孔特徵產生加工計劃

請將畫面切換至 SOLIDWORKS CAM 加工特徵管理員，在絞孔特徵 01-Reamed Hole 上按滑鼠右鍵，並選擇**產生加工計劃**。

畫面將自動跳轉至 SOLIDWORKS CAM 加工計劃管理員。

此時您可以看到，絞孔特徵的加工計劃將會被加入至加工面 Setup1 [Group 1] 之中。

透過拖曳及放置，將這些加工計劃移動至加工面 Setup1 [Group 2]。

```
Setup1 [Group1]
    探查操作1[T13 - 4 探查工具]
    探查操作2[T13 - 4 探查工具]
    面銑削1[T12 - 50 面銑削]
    探查操作4[T13 - 4 探查工具]
    鑽中心孔1[T14 - 20MM X 90DEG 鑽中心孔]
    鑽頭(孔)1[T22 - 24x118° 鑽頭(孔)]
    輪廓銑削1[T05 - 20 端銑刀]
    絞孔刀1[T16 - 25 絞孔刀]
Setup1 [Group2]
Recycle Bin
```

STEP **14** 修改輪廓銑削 1 加工計劃

請至輪廓銑削 1 上按滑鼠右鍵，並選擇編輯定義，再將畫面切換至進刀的分頁。

進刀類型：無

退刀類型：無。

點選**確定**。

STEP **15** 針對絞孔特徵產生刀具路徑

請至加工面 Setup1 [Group 2] 上按滑鼠右鍵，並選擇**產生刀具路徑**。

STEP **16** 設定座標偏移

請至 Setup1 [Group 2] 上按滑鼠右鍵，並選擇編輯定義。

請將畫面切換至**偏移距離**的分頁。

加工座標偏移：選擇**加工座標**。

設定**起始值**：54。

點選**指定**鈕，並點選**確定**。

STEP **17** 探查孔特徵

請在絞孔 1 上按滑鼠右鍵，並選擇**正在執行探查操作**。

此時**新的加工法：探查操作**的對話框將會自動開啟。在**刀具**的分頁中將畫面切換至**刀塔**的分頁，選擇 T13-4 探查工具，作為我們使用的工具。

點選**確定**。

請將畫面切換至**探查**的分頁。

測量：選擇 XY。

如下圖所示，選擇此圓孔的面作為量測的參考。

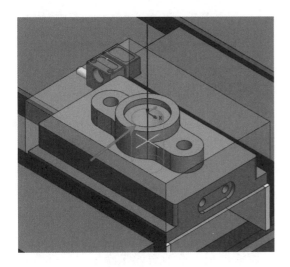

更換**探查循環**為**三點搪孔**。

勾選**更新 WCS 偏移**和**使用加工面定義**，並於下拉式選單選擇**目前的設定**。

Z 軸深度：設定為**預設**。

點選**確定**。

STEP **18** 產生刀具路徑

請至探查操作 4 上按滑鼠右鍵，並選擇**產生刀具路徑**。

STEP 19 針對加工面 1 剩餘加工特徵產生加工計劃

請將畫面切換至 SOLIDWORKS CAM 加工
特徵管理員，在以下特徵上按滑鼠右鍵，並選
擇**產生加工計劃**：

- 01-Circular Pocket
- 01-Open Pocket
- 01-Rectangular Boss
- 01-Hole Group

透過拖曳及放置，將這些加工計劃移動至
加工面 Setup1 [Group 2]。

STEP 20 修改輪廓銑削 2 加工參數

請至輪廓銑削 2 上按滑鼠右鍵，並選擇編輯定義，再將畫面切換至**進刀**的分頁。

進刀類型：無。

退刀類型：無。

點選**確定**。

```
⊟ ⚙ Setup1 [Group1]
   ├ ⚒ 探查操作1[T13 - 4 探查工具]
   ├ ⚒ 探查操作2[T13 - 4 探查工具]
   ⊞ ⚙ 面銑削1[T12 - 50 面銑削]
   └ ⚒ 探查操作3[T13 - 4 探查工具]
⊟ ⚙ Setup1 [Group2]
   ⊞ ✱ 鑽中心孔1[T14 - 20MM X 90DEG 鑽中心孔]
   ⊞ ⚒ 鑽頭(孔)1[T22 - 24x118° 鑽頭(孔)]
   ⊞ ✎ 鑽削進刀1[T23 - 20x118° 鑽頭(孔)]
   ⊞ ⚒ 輪廓銑削1[T05 - 20 端銑刀]
   ⊞ ⚒ 鉸孔刀1[T16 - 25 鉸孔刀]
   ├ ⚒ 探查操作4[T13 - 4 探查工具]
   ⊞ ⚒ 輪廓銑削2[T05 - 20 端銑刀]
   ⊞ ⚒ 粗銑1[T05 - 20 端銑刀]
   ⊞ ⚒ 輪廓銑削3[T05 - 20 端銑刀]
   ⊞ ⚒ 輪廓銑削4[T03 - 12 端銑刀]
   ⊞ ✱ 鑽中心孔2[T14 - 20MM X 90DEG 鑽中心孔]
   ⊞ ⚒ 鑽頭(孔)2[T17 - 12x118° 鑽頭(孔)]
   ⊞ ⚒ 螺絲攻1[T18 - 14.0x2.0MC 螺絲攻]
   🗑 Recycle Bin
```

STEP 21 針對所有新特徵產生刀具路徑

請將畫面切換至 SOLIDWORKS CAM 加工計劃管理員，在所有尚未產生刀具路徑的
加工計劃上按滑鼠右鍵，並選擇**產生刀具路徑**。

STEP 22 探查鑽孔

請在鑽孔 2 上按滑鼠右鍵，並選擇**正在執行探查操作**。

此時**新的加工法**：**探查操作**的對話框將會自動開啟。在**刀具**的分頁中將畫面切換至**刀
塔**的分頁，選擇 T13-4 探查工具，作為我們使用的工具。

點選**確定**。

請將畫面切換至**探查**的分頁。

測量：選擇 XY。

如下圖所示，選擇此圓孔的面作為量測的參考。

取消勾選**更新 WCS 偏移**。

點選**確定**。

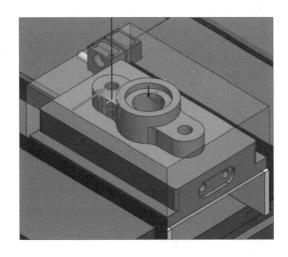

STEP 23 產生刀具路徑

請至探查操作 5 上按滑鼠右鍵，並選擇產生刀具路徑。

STEP 24 複製探查操作

選擇探查操作 5，並點選鍵盤 Ctrl 鍵，藉由拖曳及放置複製此探查操作。

> ⊞ 📄 輪廓銑削3[T01 - 6 端銑刀]
> ⊞ 📄 輪廓銑削4[T03 - 12 端銑刀]
> ⊞ ✂ 鑽中心孔2[T14 - 20MM X 90DEG 鑽中心孔]
> ⊞ ⚒ 鑽頭(孔)2[T17 - 12x118° 鑽頭(孔)]
> ⚒ 探查操作5[T13 - 4 探查工具]
> ⚒ 探查操作5 - 複製 [T13 - 4 探查工具]
> ⊞ ⚒ 螺絲攻1[T18 - 14.0x2.0MC 螺絲攻]
> 🗑 Recycle Bin

STEP 25 修改探查操作參數

請至探查操作 5 上按滑鼠右鍵，並選擇編輯定義。

取消現有探查的孔，並根據下圖所示，重新選擇此圓孔的面作為量測的參考。

如何取消現有的選項？您可以先將其選取，再點選鍵盤 **Delete** 鍵。或者直接點選新的孔。

點選**確定**。

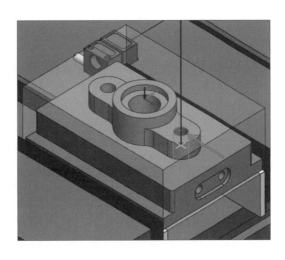

STEP 26 產生刀具路徑

請至探查操作 5- 複製上按滑鼠右鍵,並選擇**產生刀具路徑**。

STEP 27 模擬刀具路徑

執行模擬刀具路徑,並確認所有結果正確無誤。

儲存檔案。

8.3 範例練習:建立探查操作 -Part 2

在此範例中,我們將針對畫面中三個虎鉗的第二個虎鉗加入探查操作,並建立各種探查循環。為了與第一個零件區隔,我們將透過操作分類,將所有零件視為個別獨立的個體,並且將第二個零件設定為 G55 的座標系統。

STEP 1 開啟檔案

請至範例資料夾 Lesson 08\Case Study,並繼續剛剛的組合件檔案「PR_3ViseAssembly. SLDASM」。

STEP 2 建立新加工面

請將畫面切換至 SOLIDWORKS CAM 加工計劃管理員,在加工面 Setup1 [Group 2] 上按滑鼠右鍵,並選擇**分割加工面**。

加工面 Setup1 [Group 3] 將會自動建立。

請至加工面 Setup1 [Group 3] 上按滑鼠右鍵,並選擇**取消連結加工面**。

此時取消連結加工面的對話框將會自動開啟,請將 Setup1 [Group 2] 從…**選擇**的欄位加入至**選擇加工面**的欄位中。

點選**取消連結**。

STEP 3 針對新加工面設定其原點

請至 Setup1 [Group 3] 上按滑鼠右鍵,並選擇編輯定義。

請將畫面切換至**原點**的分頁。

輸出原點：選擇**設置原點**。

設置原點：選擇**選擇物件**。並選擇 CS_02a 作為程式的原點。

STEP 4　更改視角方向

在此範例中，我們已經為這三個零件分別建立好視角方向。

點選空白鍵，並選擇視角方位 PART SETUP 02。

STEP 5　針對面特徵產生加工計劃及刀具路徑

請將畫面切換至 SOLIDWORKS CAM 加工特徵管理員，在面特徵 02-Face Feature 上按滑鼠右鍵，並選擇**產生加工計劃**。

透過拖曳及放置，將面銑削 2 從 Setup1 [Group 1] 移動至加工面 Setup1 [Group 3]。

請將畫面切換至 SOLIDWORKS CAM 加工計劃管理員，在面特徵 2 上按滑鼠右鍵，並選擇**產生刀具路徑**。

⬢　**更新座標系統**

在面銑削之後，探查操作將會重新量測此零件的頂部，並更新座標系統 G55 的 Z 軸高度。

STEP 6　建立新加工面

請將畫面切換至 SOLIDWORKS CAM 加工計劃管理員，在加工面 Setup1 [Group 3] 上按滑鼠右鍵，並選擇**分割加工面**。

加工面 Setup1 [Group 4] 將會自動建立。

請至加工面 Setup1 [Group 4] 上按滑鼠右鍵，並選擇**取消連結加工面**。

此時取消連結加工面的對話框將會自動開啟，請將 Setup1 [Group 3] **從…選擇**的欄位加入至**選擇加工面**的欄位中。

點選**取消連結**。

STEP 7　針對新加工面設定其原點

請至 Setup1 [Group 4] 上按滑鼠右鍵，並選擇**編輯定義**。

請將畫面切換至**原點**的分頁。

輸出原點：選擇**設置原點**。

設置原點：選擇**選擇物件**。並選擇 CS_02b 作為程式的原點。

點選**確定**。

STEP 8 設定偏移距離

請至 Setup1 [Group 3] 上按滑鼠右鍵，並選擇編輯定義。

請將畫面切換至**偏移距離**的分頁。

加工座標偏移：選擇**加工座標**。

設定**起始值**：55。

點選**指定鈕**，並點選**確定**。

STEP 9 探查零件頂部面用以重設 **G55** 座標系統

請在面銑削 2 上按滑鼠右鍵，並選擇**正在執行探查操作**。

此時新的加工法：探查操作的對話框將會自動開啟。在**刀具**的分頁中將畫面切換至**刀塔**的分頁，選擇 T13-4 探查工具，作為我們使用的工具。

點選**確定**。

請將畫面切換至**探查**的分頁。

測量：選擇 Z。

探查循環：勾選 **Z**，並選擇**零件頂面**。

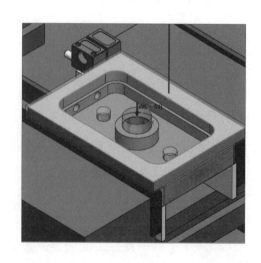

勾選**更新 WCS 偏移**和**使用加工面定義**，
並於下拉式選單選擇 Setup1 [Group 4]。

點選**確定**

此舉將會幫我們更新座標系統 G55 的 Z 座
標位置。

STEP 10 產生刀具路徑

請至探查操作 6 上按滑鼠右鍵，並選擇**產生刀具路徑**。

STEP 11 探查鑽孔以重設 G55 的 XY 位置

請在加工面 Set1[Group 4] 上按滑鼠右鍵，並選擇**正在執行探查操作**。

此時**新的加工法：探查操作**的對話框將會自動開啟。在**刀具**的分頁中將畫面切換至**刀塔**的分頁，選擇 T13-4 探查工具，作為我們使用的工具。

點選**確定**。

請將畫面切換至**探查**的分頁。

測量：選擇 XY。

如下圖所示，選擇此圓孔的面作為量測的
參考。

此時**探查循環**會判別此特徵為**搪孔刀**。

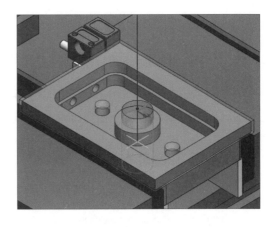

勾選**更新 WCS 偏移**和**使用加工面定義**，並於下拉式選單選擇**目前的設定**。

點選**確定**。

STEP▶ **12** 產生刀具路徑

請至探查操作 7 上按滑鼠右鍵，並選擇**產生刀具路徑**。

STEP▶ **13** 針對加工面 2 剩餘加工特徵產生加工計劃

請將畫面切換至 SOLIDWORKS CAM 加工特徵管理員，在以下特徵上按滑鼠右鍵，並選擇**產生加工計劃**：

- 02-Rectangular Boss

- 02-Rectangular Pocket1

- 02-Rectangular Pocket2

透過拖曳及放置，將這些加工計劃移動至加工面 Setup1 [Group 4]。

針對這些新的加工計劃，將刀具統一修改為 T03-12 Flat End。

STEP▶ **14** 針對所有新特徵產生刀具路徑

請將畫面切換至 SOLIDWORKS CAM 加工計劃管理員，在所有尚未產生刀具路徑的加工計劃上按滑鼠右鍵，並選擇產生刀具路徑。

STEP▶ **15** 設定偏移距離

請至 Setup1 [Group 4] 上按滑鼠右鍵，並選擇編輯定義。

請將畫面切換至**偏移距離**的分頁。

加工座標偏移：選擇加工座標。

設定**起始值**：55。

點選**指定**鈕，並點選**確定**。

加工座標偏移
- ○ 無 (N)
- ○ 夾治具(F)
- ● 加工座標(W)
- ○ 加工和次座標(S)

	起始值:	增量:
夾治具(F)	1	0
加工座標(W)	55	1
加工和次座標(S)	1	0

指定(A)

STEP 16 探查槽穴特徵

接下來我們將針對矩形槽穴的部分進行探查，但值得注意的是此槽穴的中央有一島嶼特徵，我們將避開此島嶼，避免發生碰撞。

請在輪廓銑削 7 上按滑鼠右鍵，並選擇**正在執行探查操作**。

此時**新的加工法：探查操作**的對話框將會自動開啟。在**刀具**的分頁中將畫面切換至**刀塔**的分頁，選擇 T13-4 探查工具，作為我們使用的工具。

點選**確定**。

請將畫面切換至探查的分頁。

測量：選擇 XY。

如下圖所示，選擇位於底部的側壁面作為量測的參考。

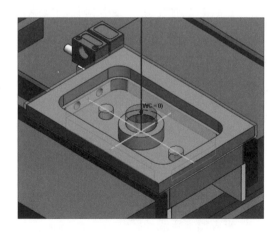

此時**探查循環**會判別此特徵為**槽穴**。

於 X、Y 的選項,勾選**含島嶼**。

請將畫面切換至 **NC** 的分頁。

探查循環平面:距離設定 5mm。

點選**確定**。

STEP **17** 產生刀具路徑

請至探查操作 8 上按滑鼠右鍵,並選擇產生刀具路徑。

STEP **18** 探查圓柱

請在輪廓銑削 8 上按滑鼠右鍵,並選擇**正在執行探查操作**。

此時**新的加工法:探查操作**的對話框將會自動開啟。在**刀具**的分頁中將畫面切換至**刀塔**的分頁,選擇 T13-4 探查工具,作為我們使用的工具。

點選**確定**。

請將畫面切換至**探查**的分頁。

測量:選擇 XY。

如下圖所示,選擇圓柱面作為量測的參考。

此時**探查循環**會判別此特徵為**島嶼**。

探查循環平面:距離設定 5mm。

點選**確定**。

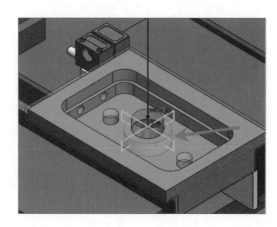

STEP 19 產生刀具路徑

請至探查操作 9 上按滑鼠右鍵,並選擇產生刀具路徑。

STEP 20 模擬刀具路徑

執行模擬刀具路徑,並確認所有結果正確無誤。

儲存檔案。

8.4 範例練習:建立探查操作 -Part 3

在此範例中,我們將針對畫面中三個虎鉗的第三個虎鉗加入探查操作,並建立各種的探查循環。為了與第一個零件區隔,我們將透過操作分類,將所有零件視為個別獨立的個體,並且將第三個零件設定為 G56 的座標系統。

STEP 1 開啟檔案

請至範例資料夾 Lesson 08\Case Study,並繼續剛剛的組合件檔案「PR_3ViseAssembly.SLDASM」。

STEP 2 更改視角方向

在此範例中,我們已經為這三個零件分別建立好視角方向。

點選空白鍵,並選擇視角方位 PART SETUP 03。

STEP 3 建立新加工面

請將畫面切換至 SOLIDWORKS CAM 加工計劃管理員,在加工面 Setup1 [Group 4] 上按滑鼠右鍵,並選擇**分割加工面**。

加工面 Setup1 [Group 5] 將會自動建立。

請至加工面 Setup1 [Group 5] 上按滑鼠右鍵,並選擇**取消連結加工面**。

此時取消連結加工面的對話框將會自動開啟,請將 Setup1 [Group 4] 從⋯**選擇**的欄位加入至**選擇加工面**的欄位中。

點選**取消連結**。

STEP 4 針對新加工面設定其原點

請至 Setup1 [Group 5] 上按滑鼠右鍵，並選擇編輯定義。

請將畫面切換至**原點**的分頁。

輸出原點：選擇設置原點。

設置原點：選擇**選擇物件**。並選擇 CS_03 作為程式的原點。

STEP 5 探查零件頂面

請在加工面 Setup1[Group 5] 上按滑鼠右鍵，並選擇**正在執行探查操作**。

此時新的加工法：探查操作的對話框將會自動開啟。在**刀具**的分頁中將畫面切換至**刀塔**的分頁，選擇 T13-4 探查工具，作為我們使用的工具。

點選**確定**。

請將畫面切換至**探查**的分頁。

測量：選擇 Z。

探查循環：勾選 **Z**，並選擇**零件頂面**。

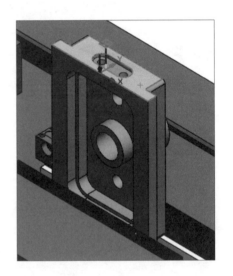

勾選**更新 WCS 偏移**和**使用加工面定義**，並於下拉式選單選擇**目前的設定**。

點選**確定**。

STEP 6 產生刀具路徑

請至探查操作 10 上按滑鼠右鍵，並選擇產生刀具路徑。

STEP 7 探查側面以重設此零件的 **XY** 位置

請在輪廓銑削 10 上按滑鼠右鍵，並選擇**正在執行探查操作**。

此時**新的加工法：探查操作**的對話框將會自動開啟。在**刀具**的分頁中將畫面切換至**刀塔**的分頁，選擇 T13-4 探查工具，作為我們使用的工具。

點選**確定**。

請將畫面切換至**探查**的分頁。

測量：選擇 XY。

如下圖所示，選擇此零件的左右兩側作為量測 X 的參考。

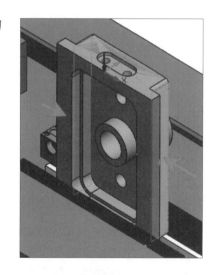

如下圖所示，選擇此零件的前後兩側作為量測 Y 的參考。

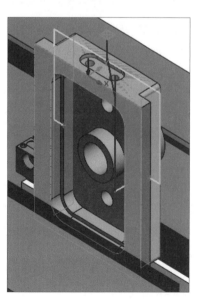

勾選**更新 WCS 偏移**和**使用加工面定義**，並於下拉式選單選擇**目前的設定**。

在 Z 軸深度中，將滑鼠點選已選物件的欄位，並如下圖所示於畫面中點選此零件的頂面。**深度**設定為 -10mm。

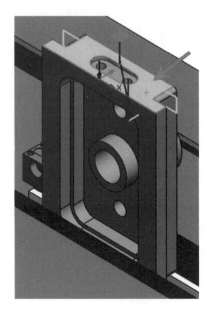

請將畫面切換至 **NC** 的分頁。

Z 快速平面是：距離設定 25mm。

點選**確定**。

STEP **8 產生刀具路徑**

請至探查操作 11 上按滑鼠右鍵，並選擇產生刀具路徑。

STEP **9 針對加工面 3 剩餘加工特徵產生加工計劃**

請將畫面切換至 SOLIDWORKS CAM 加工特徵管理員，在以下特徵上按滑鼠右鍵，並選擇產生加工計劃：

- 03-Obround Pocket1

- 03-Hole Group

透過拖曳及放置，將這些加工計劃移動至加工面 Setup1 [Group 5]。

Setup1 [Group5]
　探查操作10[T13 - 4 探查工具]
　探查操作11[T13 - 4 探查工具]
　粗銑4[T02 - 10 端銑刀]
　輪廓銑削8[T02 - 10 端銑刀]
　鑽中心孔3[T19 - 14MM X 60DEG 鑽中心孔]
　鑽頭(孔)3[T20 - 7.5x118° 鑽頭(孔)]
　螺絲攻2[T21 - 8.0x1.0MF 螺絲攻]
　Recycle Bin

STEP **10** 針對所有新特徵產生刀具路徑

請將畫面切換至 SOLIDWORKS CAM 加工計劃管理員，在所有尚未產生刀具路徑的加工計劃上按滑鼠右鍵，並選擇產生刀具路徑。

STEP **11** 設定座標偏移

請至 Setup1 [Group 5] 上按滑鼠右鍵，並選擇編輯定義。

請將畫面切換至**偏移距離**的分頁。

加工座標偏移：選擇**加工座標**。

設定**起始值**：56。

點選**指定**鈕，並點選**確定**。

STEP **12** 模擬刀具路徑

執行模擬刀具路徑，並確認所有結果正確無誤。

儲存並關閉檔案。

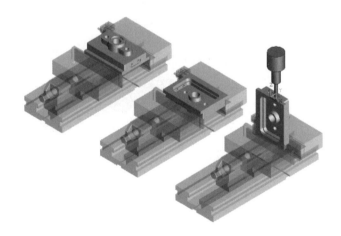

練習 8-1 探查操作

藉此範例，利用探查操作為此零件建立探頭的量測路徑。

操作步驟

STEP 1 開啟檔案

請至範例資料夾 Lesson 08\Exercises，並開啟檔案「PR_Kurt_Vise_Probe.SLDASM」。

請將畫面切換至 SOLIDWORKS CAM 加工特徵管理員，並檢視加工面及特徵，如畫面中所示，機器、刀具、素材…皆已設定完成。

此外，要加工的零件也已經被加入至 Part Manager 之中了。

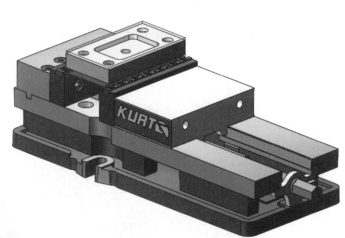

STEP 2 探查素材大小

請將畫面切換至 SOLIDWORKS CAM 加工計劃管理員，在加工面 Setup1[Group 1] 上按滑鼠右鍵，並選擇**正在執行探查操作**。

此時**新的加工法：探查操作**的對話框將會
自動開啟。在**刀具**的分頁中將畫面切換至**刀塔**
的分頁，選擇 T17-0.158 探查工具，作為我們
使用的工具。

點選**確定**。

STEP 3 設定工法參數

請至工法參數對話框，將畫面切換至**探查**的分頁。

測量：選擇 XY。

探查循環：勾選 X，並選擇**選擇素材面** 。

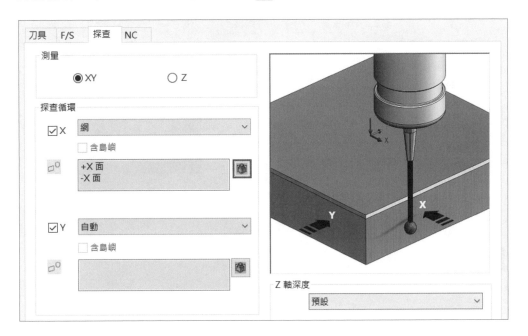

探查循環：勾選 **Y**，並選擇**選擇素材面** 。

根據以下條件，設定**探查參數**：

- **間隙**：0.25in。

- **XY 軸超行程**：0.25in。

勾選**更新 WCS 偏移**和**使用加工面定義**，並於下拉式選單選擇**目前的設定**。

此舉將會幫我們更新座標系統 G54 的 X、Y 座標位置。

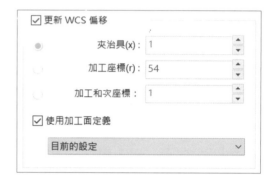

Z 軸深度：設定為**預設**。

請將畫面切換至 **NC** 的分頁。

Z 軸相對平面為：**距離**設定 0.5in。

探查循環平面：**距離**設定 0.5in。

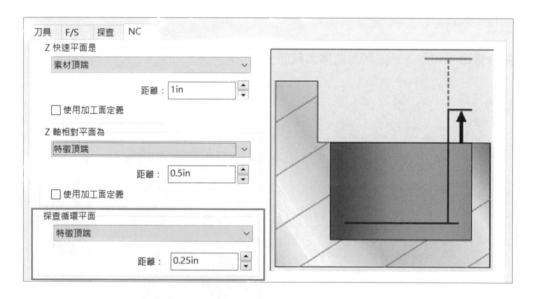

> **提示** 探測循環平面用於設置探測工具的退刀距離。

STEP **4** **產生刀具路徑**

請至探查操作 1 上按滑鼠右鍵，並選擇產生刀具路徑。

STEP▶ **5**   探查素材的 **Z 軸表面並產生刀具路徑**

請將畫面切換至 SOLIDWORKS CAM 加工計劃管理員，在探查操作 1 上按滑鼠右鍵，並選擇**正在執行探查操作**。

此時**新的加工法：探查操作**的對話框將會自動開啟。在**刀具**的分頁中將畫面切換至**刀塔**的分頁，選擇 T17-0.158 探查工具，作為我們使用的工具。

點選**確定**。

請將畫面切換至**探查**的分頁。

測量：選擇 Z。

探查循環：勾選 **Z**，並選擇**選擇素材面** 。

勾選**更新 WCS 偏移**和**使用加工面定義**，
並於下拉式選單選擇**目前的設定**。

此舉將會幫我們更新座標系統 G54 的 Z 座標位置。

請將畫面切換至 **NC** 的分頁。

Z 軸相對平面為：距離設定 0.25in。

點選**確定**。

請至探查操作 2 上按滑鼠右鍵，並選擇**產生刀具路徑**。

STEP▶ **6**   針對面特徵產生加工計劃及刀具路徑

請將畫面切換至 SOLIDWORKS CAM 加工特徵管理員，在面特徵 1 上按滑鼠右鍵，並選擇**產生加工計劃**。

再將畫面切換至 SOLIDWORKS CAM 加工計劃管理員，在面銑削 1 上按滑鼠右鍵，並選擇**產生刀具路徑**。

STEP▶ **7**   建立新加工面

請至加工面 Setup1 [Group 1] 上按滑鼠右鍵，並選擇**分割加工面**。

加工面 Setup1 [Group 2] 將會自動建立。

請至加工面 Setup1 [Group 2] 上按滑鼠右鍵，並選擇**取消連結加工面**。

請將 Setup1 [Group 1] 從…選擇的欄位加入至選擇加工面的欄位中。

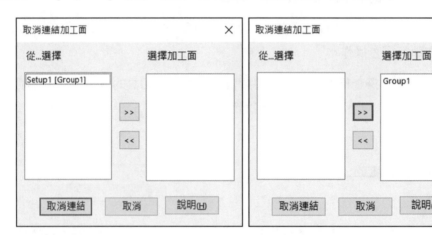

點選取消連結。

STEP 8 針對新加工面設定原點

請至 Setup1 [Group 2] 上按滑鼠右鍵，並選擇編輯定義。

請將畫面切換至原點的分頁。

輸出原點：選擇設置原點。

設置原點：選擇選擇物件。並選擇 SWCAM1 作為程式的原點。

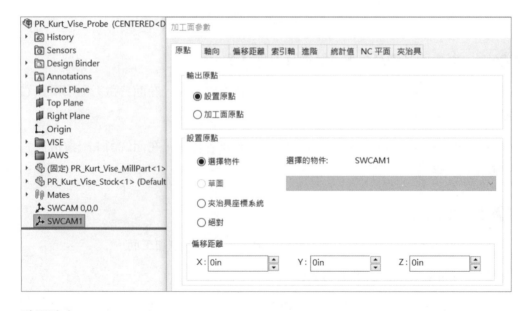

點選確定。

STEP **9** 設定偏移距離

請至 Setup1 [Group 1] 上按滑鼠右鍵,並選擇編輯定義。

請將畫面切換至**偏移距離**的分頁。

加工座標偏移:選擇**加工座標**。

設定**起始值**:54。

點選**指定鈕**,並點選**確定**。

STEP **10** 探查零件頂部面用以重設 **G54** 座標系統

請在面銑削 1 上按滑鼠右鍵,並選擇**正在執行探查操作**。

此時**新的加工法:探查操作**的對話框將會自動開啟。在**刀具**的分頁中將畫面切換至**刀塔**的分頁,選擇 T17-0.158 探查工具,作為我們使用的工具。

點選**確定**。

請將畫面切換至**探查**的分頁。

測量:選擇 Z。

探查循環:勾選 **Z**,並選擇**零件頂面**。

勾選**更新 WCS 偏移**和**使用加工面定義**,並於下拉式選單選擇 Setup1 [Group 2]。

X 軸位置:選擇**設置原點**。

Y 軸位置:選擇**設置原點**。

點選**確定**。

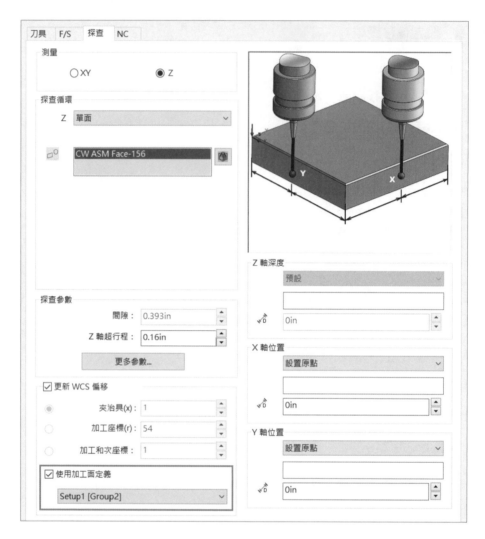

此舉將會幫我們更新座標系統 G54 的 Z 座標位置。

STEP▶ 11 產生刀具路徑

請至探查操作 3 上按滑鼠右鍵，並選擇編輯定義。

STEP▶ 12 針對剩餘加工特徵產生加工計劃

請將畫面切換至 SOLIDWORKS CAM 加工特徵管理員，在圓形槽穴特徵及矩形槽穴特徵上按滑鼠右鍵，並選擇產生加工計劃。

請注意，所產生的加工計劃會出現在加工面 Setup1 [Group 1] 下。

透過拖曳及放置，將這些加工計劃移動至加工面 Setup1 [Group 2]。

STEP 13 修改輪廓銑削加工參數

請至輪廓銑削 1 上按滑鼠右鍵，並選擇編輯定
義，再將畫面切換至進刀的分頁。

進刀類型：無。

退刀類型：無。

點選**確定**。

```
⊟ ⬦ Setup1 [Group1]
   🗲 探查操作1[T17 - 0.158 探查工具]
   🗲 探查操作2[T17 - 0.158 探查工具]
   🗲 探查操作3[T17 - 0.158 探查工具]
   ⊞ 面銑削1[T12 - 2 面銑削]
   ⊞ 粗銑1[T02 - 0.375 端銑刀]
   ⊞ 輪廓銑削1[T02 - 0.375 端銑刀]
   ⊞ 粗銑2[T04 - 0.75 端銑刀]
   ⊞ 粗銑3[T03 - 0.5 端銑刀]
   ⊞ 輪廓銑削2[T03 - 0.5 端銑刀]
   ⬦ Setup1 [Group2]
   🗑 Recycle Bin
```

STEP 14 針對所有新特徵產生刀具路徑

請將畫面切換至 SOLIDWORKS CAM 加工計劃管理員，在所有尚未產生刀具路徑的
加工計劃上按滑鼠右鍵，並選擇產生刀具路徑。

STEP 15 設定偏移距離

請至 Setup1 [Group 2] 上按滑鼠右鍵，並選擇編輯定義。

請將畫面切換至**偏移距離**的分頁。

加工座標偏移：選擇**加工座標**。

設定**起始值**：54。

點選**指定鈕**，並點選**確定**。

STEP 16 探查槽穴

請在輪廓銑削 2 上按滑鼠右鍵，並選擇**正在執行探查操作**。

此時**新的加工法：探查操作**的對話框將
會自動開啟。在**刀具**的分頁中將畫面切換至
刀塔的分頁，選擇 T17-0.158 探查工具，作
為我們使用的工具。

點選**確定**。

請將畫面切換至探查的分頁。

測量：選擇 XY。

如下圖所示，選擇槽穴周邊的面作為量
測的參考。

勾選**更新 WCS 偏移**和**使用加工面定
義**，並於下拉式選單選擇目前的設定。

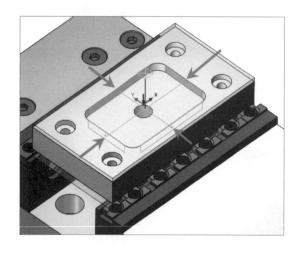

STEP 17 產生刀具路徑

請至探查操作 4 上按滑鼠右鍵，並選擇產生刀具路徑。

STEP 18 模擬刀具路徑

執行模擬刀具路徑，並確認所有結果正確無誤。

儲存檔案。